方兴东 ◎ 著

openEuler
欧拉崛起

从华为走向世界

人民日报出版社
北京

图书在版编目（CIP）数据

欧拉崛起：从华为走向世界 / 方兴东著. —北京：
人民日报出版社，2023.1

ISBN 978-7-5115-7598-2

Ⅰ．①欧… Ⅱ．①方… Ⅲ．①操作系统—研究—中国
Ⅳ．①TP316

中国版本图书馆CIP数据核字（2022）第229725号

书　　　名：欧拉崛起：从华为走向世界
OULA JUEQI: CONG HUAWEI ZOUXIANG SHIJIE

作　　　者：方兴东

出 版 人：刘华新
选题策划：鹿柴文化
特约编辑：李　安
责任编辑：张炜煜　　贾若莹
封面设计：@Recns

出版发行：人民日报出版社

社　　　址：北京金台西路 2 号
邮政编码：100733
发行热线：（010）65369509　　65369512　　65369527　　65363528
邮购热线：（010）65369530　　65363527
编辑热线：（010）65369514
网　　　址：www.peopledailypress.com
经　　　销：新华书店
印　　　刷：大厂回族自治县德诚印务有限公司
法律顾问：北京科宇律师事务所 010-83622312

开　　　本：710mm×1000mm　　　　1/16
字　　　数：270千字
印　　　张：26.5
版次印次：2023 年 10 月第 1 版　　　2023 年 10 月第 1 次印刷

书　　　号：ISBN 978-7-5115-7598-2
定　　　价：78.00 元

伟大不能被规划出来，但是伟大可以被打出来！

倪光南院士

梅宏院士

廖湘科院士

王怀民院士

陆首群教授

openEuler 社区上线纪念合影

openEuler 技术委员会成立

openEuler 全新升级

openEuler 宣布开源

华为携手社区合作伙伴将 openEuler 捐赠给开放原子开源基金会

openEuler 社区合作伙伴

社区 SIG 开放工作会议

openEuler 社区理事会成立

openEuler 荣获 2022 世界互联网领先科技成果奖

openEuler 在欧洲开源峰会 2022 亮相，正式走向海外

汪涛在操作系统产业峰会上致辞

导　语

奇迹诞生在人人开始悲观的时刻

　　"欧拉"和"鸿蒙"，这两件事情非常大，大到中国信息产业可以分成"欧拉、鸿蒙之前"和"欧拉、鸿蒙之后"："欧拉、鸿蒙之前"是中国信息产业的"混沌时代"，"欧拉、鸿蒙之后"是中国信息产业对数字生态的"觉醒时代"，可以说是数字转型的新时代。无疑，这是一道历史的分水岭，是中国信息产业发展范式的根本转变。

　　在很多华为人的记忆中，2001年是神奇的一年。华为创始人任正非在2001年3月写下了《华为的冬天》一文："如果有一天，公司销售额下滑、利润下滑甚至会破产，我们怎么办？我们公司的太平时间太长了，在和平时期升的官太多了，这也许就是我们的灾难。泰坦尼克号也是在一片欢呼声中出的海。而且我相信，这一天一定会到来。"

　　文章力透纸背，迄今依然是任正非诸多被热议的文章中最著名的经典之作。那年冬天，恰好入职华为的人很少，行业也很萧条，文章显得很应景。而深陷互联网寒冬的整个IT（信息技术）产业，无论是互联网行业，还是通信行业，抑或是PC（个人计算机）行业，工作都不太好找。这种境况下能够被华为选中，已经是很不错的结局了。2002年被华为"收留"的研发人员直接被分配到一线，干起了"体力活"。七八个月下来，装机架、装设备、走线等全都过了个遍。他们至今感到最宝贵的收获，就是在一线接触了不少客户。

20年的时间，华为堪称一路高歌，幸福的日子越来越多，层层叠叠。

这段与客户们一起"厮混"的日子，完美复刻在了2019年7月启动的欧拉开源社区的基因里：因为做开源最大的特征是直面客户，且深入工作的过程，就像是从地上打眼立架开始做起，建立新天地。

但随着美国商务部的制裁大棒越洋挥来，以及疫情等因素造成的外部环境的急剧转变，华为不断面临新的挑战，甚至一度到了生死存亡的紧要关头。

基于外部环境的变化，华为进行了战略调整。

华为调整后的战略选择是："坚持实事求是，在市场上的收缩要坚决。我们以前怀抱全球化理想，立志为全人类服务。现在我们的理想是什么？活下来，哪里有钱就在哪里赚一点。从这个角度出发，我们要在市场结构上调整，研究一下哪些地方可以做，哪些地方应该放弃。"

具体到业务选择上，华为认为："ICT（信息通信技术）基础设施，还是我们的黑土地粮仓，一定要收缩到一个有竞争力的复杂硬件平台与复杂软件平台，挂在上面搭车的项目都要摘出来。""军团是建基础信息平台，更好地卖ICT，终端是未来我们崛起突破的基础，但不能盲目。现在要缩小战线，集中兵力打'歼灭战'，提升盈利。""华为云计算要踏踏实实以支撑华为业务发展为主，走支持产业互联网的道路。"

而在云谲波诡的形势下，万众瞩目的两大操作系统——鸿蒙操作系统（HarmonyOS）和欧拉操作系统（EulerOS）——究竟在华为的战略调整中处于什么位置，无疑是公众的首要疑问，也是公众最关心的事情。

其实只要鸿蒙操作系统和欧拉操作系统没有受到影响，依然在华为战略的主航道上，那么华为的未来就依然是海阔天空。如同 2000 年的那一场淬炼，使得华为在 2005 年之后开启了在全球通信设备领域的破土进程，并很快脱颖而出，踏上势不可挡的强者征程，成为全球通信设备的领导者。

那么，这一次淬炼，又会将华为带向何方？毫无疑问，这一次一定是华为整体的范式转变，而欧拉操作系统与鸿蒙操作系统，就是这次脱胎换骨中的重中之重。

乌尔里希·贝克认为：工业社会在为人类创造了巨大财富的同时，也为人类带来了巨大的风险，人为制造的风险开始充斥整个世界，在工业社会以后，人类已经进入一个以风险为本质特征的风险社会。在贝克出版《风险社会》的 1986 年，PC 革命正如火如荼。互联网革命还得七八年之后才到来。而进入 2022 年，疫情的不确定性，数字社会的不确定性，再叠加上地缘政治的不确定性，贝克所说的风险社会早已进入全新的升级版。在这种形势下，悲观不需要理由，乐观则很难找到令人信服的理由。但是，对于真正富有企业家精神的人来说，这可能是创新与变革最好的时候。

　　社会在关注华为的时候，更多的是将注意力投射在外部事件的新闻效应之上。但是，真正影响华为的，真正改变中国高科技产业进程的，往往并不在人们的视野范围之内。2022年，华为的"欧拉"项目取得了很好的进展，但相当低调，暂时被大众所低估，甚至忽视。

　　但是，这可能是中国IT产业有史以来最重要的突破。这是第一次，中国的数字生态有了自己的"根"，而且"根"的成长有了自己真正的独特模式。中国数字基础设施第一次可以建立在自己的底座之上。"欧拉"这个名字，也真正与人类发展进程的时代精神开始了全新的对接。发生在16—17世纪之间的科学革命，不仅仅是现代科学的基础，更是18世纪工业革命的知识底座。而数学，更是基础的基础。达·芬奇说过，数学是一切科学的基础。而在数学领域内，18世纪可以确切地被称为"欧拉世纪"。莱昂哈德·欧拉（Leonhard Euler）是18世纪数学界的中心人物，是数学史上最多产的数学家，被称为"数学之王"。

　　当时，大学还没有真正成为人类知识创造与创新的中心，是一系列伟大的科学家，依靠个人的才华，完成了科学这座大厦的初步架构。而欧拉，就是其中耀眼的一位。恩格斯说，微积分的发明是人类精神的最高胜利。"如果说在此之前数学是代数、几何二雄并峙，欧拉和18世纪其他一批数学家的工作则使得数学形成了代数、几何和分析三足鼎立的局面。如果没有他们的工作，微积分不可能春色满园，数学的发展进程也许会因打不开局面而荒芜凋零。欧拉在其中的贡献是基础性的，被尊为'分析的化身'。"

"在分析之前，数学主要解决常量、匀速运动问题。18世纪工业革命时期，以蒸汽机、纺织机等机械为主体的技术得到广泛运用，但如果没有微积分、没有分析，就不可能对机械运动与变化进行精确计算。"

任正非认为，未来软件将吞噬一切，信息社会的数字化基础架构核心就是软件。数字社会首先要终端数字化，但难在行业终端数字化，可只有行业终端数字化了，才可能建立起智能化和软件服务的基础。他说："'鸿蒙''欧拉'任重道远，你们还需更加努力。"

如果说欧拉不可思议的数学成就成为整个工业时代知识体系的"关键基础设施"，那么今天正在全面开启的智能时代和数字时代，有赖于一个全新的知识"引擎"，一种全新的"基础设施"。个人的单打独斗，显然已经不足以改变时代的进程。甚至一个公司的力量，也暴露了创新能力的局限。"一杯咖啡吸收宇宙能量"，浩浩荡荡的全球数字化浪潮，需要一种全新的机制，将整个社会的力量和能量汇聚起来。

定位于数字基础设施的操作系统和生态底座的"欧拉"，承担着支撑构建领先、可靠、安全的数字基础的历史使命，既要面向IT，又要面向CT(通信技术）；既要面向服务器、云计算，又要面向嵌入式，这是数字时代亟待破解的新难题。

　　"欧拉"正是秉承着这种历史特质，应运而生；正是秉承着这种时代精神，呼啸而出。

序 一

华为轮值董事长 徐直军

华为决定进入 IT 领域后，全力投资开发服务器、存储产品。随着我们对 IT 市场的了解，我们发现在中国的 IT 产业里没有真正可商用的操作系统和数据库。当时华为假设，随着华为在 IT 市场的成长，必然会面临竞争对手利用全栈的竞争，而华为由于没有操作系统和数据库，在竞争中会处于劣势，于是决定投资开发操作系统和数据库，欧拉操作系统就这样诞生了。

欧拉操作系统开发出来后，华为一开始并没有打算让其独立面向市场，而是成为华为应用软件的操作系统，与华为产品一起面向客户。到美国制裁华为时，欧拉操作系统已伴随华为产品在全球使用达几十万套。

真正让产业界知道欧拉操作系统是在 2019 年 7 月 23 日，由于美国的制裁，华为无法获取英特尔的处理器，便决定把鲲鹏处理器推向市场，以提供鲲鹏主板的方式帮助合作伙伴开发其自有品牌的鲲鹏服务器。为了促进鲲鹏生态的发展，华为决定开源欧拉操作系统和高斯数据库，于是产业界便知道了欧拉操作系统。

欧拉操作系统开源（openEuler）后，由于是使用了多年的商用操作系统，因此很快受到了产业界的广泛支持，有十多家操作系统厂商发布了基于 openEuler 的服务器操作系统。

随着基于 openEuler 的操作系统不断扩大使用，华为越来越意识到中国的信息产业需要一个面向服务器、云和嵌入式的全场景操作系统，于是决定全面升级开源欧拉操作系统，并于 2021 年 9 月 25 日对外宣布，把开源"欧拉"全面升级为面向数字基础设施全场景（包括服务器、云、边缘、嵌入式）的开源操作系统。2021 年 11 月 9 日，华为宣布把欧拉开源社区的全量代码、品牌、商标、社区基础设施等相关资产捐赠给中国开放原子开源基金会，从企业主导到产业共有，使其成为中国的操作系统，进而成为世界的操作系统。

从欧拉操作系统面世至今，其发展速度远超我们的预期——已经有 500 余家企业加入、上千个城市下载、万级社区贡献者，成为中国最具活力的开源社区。麒麟软件、统信软件等十多家伙伴已经基于 openEuler 推出了服务器操作系统，且规模进入政府、运营商、金融、电力等多个行业。所有基于 openEuler 的服务器操作系统截至当前累计发货 300 万套左右，成为中国服务器操作系统领域新增市场份额第一。

本书的作者走访了华为从事欧拉操作系统开发、营销、开源、决策的大量员工和主管，以此为基础写成了本书，基本见证了欧拉操作系统从诞生至今的发展过程。期望读者能更多地了解欧拉操作系统的成长历程，也期望欧拉操作系统能得到产业界更多的支持，让其更加茁壮地成长，使之成为中国信息产业之"魂"。

序 二

中国工程院院士 倪光南

　　这是一本关于 openEuler 开源社区的书。openEuler 是由中国企业带头创建的、具有国际影响力的开源社区。虽然现在世界上已经有无数开源社区，但 openEuler 开源社区（以下简称"欧拉"）对我们有特殊的意义。这正是本书要传达的信息。

　　习近平总书记指出："科学技术具有世界性、时代性，是人类共同的财富。"开源软件作为信息技术、软件技术的一个分支，完全符合这一科学论断。40 年前，开源软件从自由软件起源，凭借其开放、协同、合作、共赢的优势，从小到大，迅速成长。近年来，开源发展模式越来越深入人心，并正从软件领域扩展到芯片领域。例如，当前芯片领域中出现的一种开源 RISC-V 架构受到全世界业界的青睐，其前途不可限量。总之，开源已经成为推动当代世界软件技术、信息技术发展的强大动力，在信息领域发挥着越来越重要的作用。

　　目前，中国在开源界大体上还处在跟跑阶段。GitHub 开源平台发布的 2021 年度报告显示，美国的开发者数量超过 1355 万，中国的开发者数量超过 755 万，印度的开发者数量超过 721 万。在开发者数量上，中国位居全球第二，称得上是开源大国。但中国还不是开源强国，例如，目前还缺少由中国人主导的开源社区和开源项目，大多数中国开发者是参与别人主导的开源社区和项目，在其中进行学习，予以应用，做些贡献，等等，还

9

远远谈不上引领潮流。

中国正开启全面建设社会主义现代化国家的新征程，面临新形势、新任务。我们迫切需要重视开源、学习开源和运用开源，特别是在信息领域，开源可以成为中国发挥举国体制优势、超大规模市场优势和人才优势的创新平台，也可以成为中国融入国际科技创新网络，参与国际科技治理的有效途径。正是在这个大背景下，讨论"欧拉"的成功实践具有很强的现实意义。

华为开源在二十几年的成长过程中，经历了使用者—参与者—贡献者的不同阶段。据了解，华为孕育欧拉开源操作系统已有十多年。这和华为企业文化中的忧患意识相关。早年华为将技术保底扎根于操作系统，这是极有远见的。因为操作系统是软硬件资源的分配者，它下接终端，上承应用，是科技时代不可或缺的根技术。20 世纪 80 年代末，日本开源架构的 PC 系统 TRON 刚露头就遭美国遏制；韩国、欧洲也因各种问题错失了本土操作系统发展的时机。我国信息技术领域也一度出现"重硬轻软"的发展倾向，使得我们和上述国家和地区一样，也错过了操作系统早期发展的有利时机。而今中国操作系统整体的研发、推广环境，与当时 TRON 的境况相比，还多了生态支撑不足这一条。可见，要攻下操作系统这一难关，不仅需要足够的"远见"，更需要不问结局、不计生死的"无畏"实干。

"欧拉"最初的目标是针对企业用户服务器市场的开源操作系统，它还可以支持云计算、人工智能、算力基础设施、各种嵌入式系统等多种领域的需求。正当华为的发展处于内外交困时——外受美国的制裁打压，内受根技术缺乏和生态不足的制约，华为将精心养育十几年的"欧拉"捐赠给了开放原子（OpenAtom）开源基金会。从此"欧拉"由一粒只服务于华为生态的种子成长为参天大树，承担起构建我国信息领域根技术和数字经济技术底座的重任。

如今"欧拉"已经走过三年的时间，社区在一群有活力、有热情以及有智慧的新一代科技工作者的带领下，逐渐成熟，逐渐完善。就在我写序言的这个时刻，我看到社区贡献看板的变化——社区已经有 1 451 479 位用户，贡献者已经达到 14 863 人，社区成员 966 家，代码仓数量 10 265 个（数据来源于 2023 年 7 月 2 日的欧拉开源社区贡献看板）。总之，"欧拉"在中国开源"大棋局"中下了一着好棋，足以成为中国开源的典范。"欧拉"已经创造了显著的经济效益和社会效益，其生态正在发展壮大中。截至目前，"欧拉"已经在通信、金融、电力、交通、政务信息化等领域规模化商用。可以预见"欧拉"的未来一片光明，中国开源的前景一片光明！

综上所述，"欧拉"的成功实践雄辩地证明：中国企业能够带头创建有国际影响力的开源社区。开源是世界的，也是中国的。中国支持开源、拥抱开源，符合历史潮流，符合国家战略，符合人民利益，既能推进中国科技和产业的发展，同时也能为世界贡献中国智慧、中国方案、中国力量，为构建人类命运共同体做出贡献。

自 序

方兴东

《银湖计划——IBM 的转型与创新》生动描述了 IBM "在一片玉米地中发生的公司转型"，讲述了 20 世纪 80 年代中期 IBM 推出 AS/400 大获成功的内幕故事。而这一奇迹的根源也很简单，就在于 IBM 公司"为了生存的目的"，不得不打破正常状态下的各种常规。今天我们讲述的这个关于欧拉操作系统的故事，无疑有着异曲同工之妙。美国针对华为的极端打击，促成了华为走上一条前所未有的战略路径，完成一系列不可能完成的任务。

任何一位作者都会认同：写一本书，和开发一个产品类似，都是一项超级繁重的体力活。因为比起脑力消耗，更关键的是体力考验。更何况，《欧拉崛起》这本书，汇聚了几十位执行者、决策者和观察者的深度访谈，这也是整本书的内核。所以，本书也算是一本"开源"之作，我首先需要成为一位出色的矿工，将围绕"欧拉"十多年历程的精彩尽可能地挖掘出来。面对百万字的访谈整理资料，每一轮补充、修改都像是进行一场体育运动，在过去的一年多时间里，我就这样被文字激荡，被文字反复捶打，真正痛并快乐着。

这本书最开始的书名叫"欧拉模式"，但是到了交稿时，我总觉得这个书名不够劲儿，没有呈现出"欧拉"的重要特质。尤其是在写作的这一年中，"欧拉"在市场上的强劲势头，印证了我们最初的最乐观预计。截至 2022 年底，"欧拉"累计装机量达 300 万套，占服务器操作系统领域新增份额的 25%。欧拉开源社区的注册用户已经超过 100 万人，贡献者达到 12 505 人，单位会员 574 个，特别兴趣小组（SIG）99 个，代码仓库 9446 个，呈现出生机勃勃的景象。因此，当"欧拉崛起"这个书名出现的时候，我才一下子释然。这真正契合了"欧拉"的精神状态，也接近一个书名的理想状态。

无论是对华为还是对中国来说，"欧拉"的异军突起，都是一个非常偶然的奇迹。当然，这个奇迹还远未全面爆发，只是小荷才露尖尖角，却已经气度不凡，甚至开始抢先跑在更早获得社会广泛关注的"鸿蒙"之前，成为华为突围与转型的重大突破之一，尤其是在中国软件努力几十年的"根技术"层面，堪称开天辟地。

任何重大的"偶然"背后，都有着历史进程的必然性。"欧拉"展示了华为独特的创新精神，以及领导层的格局和视野。华为将一个成熟的操作系统完全开源，以作为全球 IT 业的公共物品。"欧拉"以开源模式走出华为，走向社会，走向全球，展示出一种全新的创新模式。这种创新模式超越了中国产业界的过去和现状，甚至超越了华为固有的模式。因此，"欧拉"蕴含着诸多超越产品本身的时代精神和未来启示。

这是一本需要有穿透与超越当下境况视野的图书，因为在今天，全面展示和深刻理解"欧拉"现象，总结和概括"欧拉"崛起，都具有一定的超越性和前瞻性。正如黑格尔所说，时代的历史进程，都是绝对精神不断展开的过程。在中国科技发展的当下进程中，尽管华为在陷入困境时积极突围，但外部接二连三的极限打压，让"欧拉"这个借之于欧洲著名数学家的中国品牌，以及其名字背后的时代精神与当今意义，远没有来得及充分地向世界展示。

《新机器的灵魂》的精彩在于将笔触深入人性，揭露高科技领域激烈竞争和创新的原动力。"用什么去激发人们的干劲呢？"提问者自己回答："自我和金钱。用自我和金钱来购买他们及其家庭所想要的东西。"

但这显然不是《欧拉崛起》所给出的答案，更不是"欧拉"背后的真正原动力。"欧拉"横空出世所展示出的产业趋势，在短短三年内呈现的独特气质，以及"欧拉"崛起对于华为的独特意义，都无疑大大超越了个人奋斗和金钱利益等人性的层面，呼应着数字时代新的精神。

"欧拉"已经在中国崛起，但是在世界崛起才是其未来之路。目前的故事已经让我们迫不及待地期望用一种独特的第三方观察与思考的方式，将"欧拉"的精彩展现给大家。这个自序算是前瞻解析，可以让大家先睹为快，引发更多人的思考和讨论。

"欧拉"注定会是一个改变中国科技进程的产品，也注定会是一个改变全球科技格局的变数，还注定会是一个改变华为未来走向的举措。

《欧拉崛起》以一种相对超脱的第三方视角，开启"欧拉"的探寻之旅。我们以十多年来与"欧拉"紧密相关的近百位直接参与者的深度访谈为基础，从中整理出上百万字的第一手素材，作为此次写作的基础。这近百位人士是从华为的决策高层到第一线的产品操盘手，以及外部看不见的核心开发者。同时我们也访谈了几十位"欧拉"新兴生态的各层次合作伙伴与社区参与者。这是第一部全方位展示欧拉操作系统的酝酿、诞生、发展和未来可能性的著作。

"欧拉"不仅是中国 IT 业历史上第一个真正开始构建自主产业生态的"根技术"和"根社区"，还是华为 30 多年来真正从产品型企业向生态型企业转变的第一个突破点。"欧拉"崛起，更重要的是昭示数字时代的一种全新商业理念和创新模式——立足于全球开放的开源文化，通过充分凝聚和调动产业界的各方力量，以及新型开放社区模式的社会化创新机制，第一次打破中国产业界各自为战的"碎片化"魔咒，逐渐构建出"力出于孔，利出一孔"的有序分工与协作的真正生态机制，打破了国家边界与产业界限，为未来"欧拉"成长为世界级的操作系统，发展出世界级的产业生态，奠定了格局和基础。可能这种格局的突破与机制的创新，才是数字时代最宝贵的财富，是开启未来更长远征程的制胜之道。因此，虽然"欧拉"目前还主要是服务器操作系统，定位于数字基础设施的底座，但是"欧拉"发展路上积累的经验，"欧拉"崛起昭示的创新潜能和时代力量，对于中国整个科技行业中的企业，都有着不可多得的启发与借鉴意义；对于数字时代各行各业的数字化转型，也都有着独特的模仿与参考价值。

对于当下面临百年变局的国家科技战略走向，对于科技战笼罩下中国科技行业的各领域，以及对于数字化浪潮下面临转型升级的各行各业与社会各界，"欧拉"的模式，"欧拉"的故事，"欧拉"的进程，都彰显了独一无二的精神特征。本书的目的，就是尽可能挖掘出其中独特的创新要点和模式本质，以叙述故事的方式呈现给大家。

"欧拉"的故事精彩、独特，足以写成一本《新机器的灵魂》式的好作品，既可以成为人类科技创新史上缔造奇迹的经典故事，也可以成为商业史上危机领导力和突围的成功案例，还可以成为商业管理课堂上的经典案例读本。所以，我野心勃勃地开始构思和谋划，然后陷入漫长的"胶着战"之中，没有回头路，而且欲罢不能，"就像那些恐怖电影一样，我非得看看结局不可"（本句引语来自特雷西·基德尔的《新机器的灵魂》一书）。当然，最终付梓印刷时，总免不了有遗憾。

更精彩的总是在还待发生的未来。《欧拉崛起》的目的，是希望激发人们的想象力，启示一个更开阔的未来，期待一种更大的可能性。我相信，"欧拉"的未来足以承载更大、更多的想象空间，而我们也将继续追踪"欧拉"未来的发展。

目录

第一章

令华为几乎陷入绝境的『通知令』

被视为"竞争者"的惨痛代价

　　华为松山湖三丫坡已然成为东莞一道著名的风景，"朝圣"的以及拍照游玩的旅客络绎不绝。刚到三丫坡门口，迎面就是一块硕大的石头，上面写着"没有退路就是胜利之路"。中国人对这句话熟悉起来，是因为任正非。因此，很多人以为这句话是任正非说的。其实，这句话来自 2011 年至 2015 年担任美军参谋长联席会议主席的陆军四星上将马丁·邓普西（Martin Dempsey）。这句话的前半句是"要让打胜仗的思想成为一种信仰"。美国政府针对华为发动了极限打压，一位美国将军给华为提供了最契合的精神激励。这种对比，堪称另一种别有妙趣的时代写照。没有退路的华为，这些年究竟在干什么？"欧拉"的故事为我们揭开了这个谜底的一个精彩部分。

　　华为（华为技术有限公司）是以联接起家的，成立于 1987 年，最开始是一家生产用户交换机的香港公司的销售代理，两年后开始走上自主研发道路，逐步发展起来，并陆续开拓欧美等海外市场。尽管在 1998 年进军欧美市场时，华为签下的第一单合同只有 38 美元，但到了 2002 年，其海外市场销售额已经达到 5.52 亿美元，业务发展十分迅猛，很快成为全球通信设备领域的领导者。

华为一切业务的基础都是围绕联接与计算，其过去的理念是"用最好的器件，做最有竞争力的产品"。华为以前虽然也很注重研发，在这方面投入巨大，持续深入研发核心技术，但是与中国其他的 IT 企业一样，都以为将业务建立在美国生态底座之上，自己认真做好应用就行。

进入 21 世纪后，可以说直到 2010 年之前，数字技术依然还是资本和市场主导的领域。在互联网领域，美国和欧洲国家一直倡导非政府力量主导的多利益相关方模式，极力反对和阻挠中国以及其他发展中国家对于政府介入互联网管理的呼吁和努力。

但是在 2010 年后，随着中国高科技越来越具有竞争力，美国对华科技政策开始急剧转向。全球高科技行业相对平静的秩序开始动荡。尤其是华为，更被美国视为"不可轻视的威胁"。其中唯一真实的逻辑，就是因为华为是中国高科技企业的"出头鸟"。

其实，在中国所有企业中，华为对美国政府始终是最敏感的。从 2003 年美国思科系统公司起诉华为开始，华为就在很大程度上放弃了将美国市场视为拓展的重点，而保持其作为技术创新前沿的研发人才基地，尽量不去触碰敏感的重大利益，尤其是与安全相关的敏感业务。即便如此，随着技术发展的不断深入，华为终究越来越难以躲过美国政府这个地球上最强大的"猎手"。而华为始终保持着高度的警觉。

2012 年是一个重要的节点，这一年，全球网民数量创纪录地突破 25 亿人，其中亚洲网民数量占 43%。到 2012 年 6 月底，中国网民数量达到 5.38 亿人，是美国的 2 倍。美国互联网企业在中国市场竞争中陆续败下阵来。

2012 年，全球几大电信设备公司因经济疲软而业绩下滑，而华为业绩则逆势上升。华为轮值 CEO 郭平在《度过了"波澜壮阔"的一年》的文章中称，预计 2012 财年华为实现销售收入超过 350 亿美元，净利润 24 亿美元左右，同比均有超过 10% 的增长。华为历史上首次在营业收入上超越爱立信，成为全球最大通信设备商。

任正非少有地接受媒体采访，说道："战略布局，我们唯一觉得困难的是美国。"2012 年底，华为北美消费者业务实现销售收入 318.46 亿元，同比增长 4.3%。在 CEO 寄语之末，任正非豪迈地写道："雄起起，气昂昂，跨过太平洋……"

但是，2012 年华为的发展势头和在全球通信领域的地位，注定了华为与美国的关系已经进入一个重要的转折点。尽管华为拿出最大的诚意，主动要求美国政府对安全合规等问题展开调查，但是，这种诚意显然无济于事。2012 年 10 月 8 日，美国国会发布华为、中兴（中兴通讯股份有限公司）"可能对美国带来安全威胁"的调查结果报告。这篇为期 11 个月完成的调查报告称，美国情报机关必须对华为和中兴在美扩张的努力保持关注，并将它们的"潜在间谍威胁"尽可能多地告知私营单位。"我们不能相信华为和中兴免受外国政府施加的影响，因此它们会对美国和我们的系统造成安全威胁。"该报告建议美国政府和私人企业不要与华为和中兴发生贸易关系，相当于委婉地对华为发出了"拒绝令"。

此前，华为一直希望通过竞标和并购等方式进入北美市场，但始终未能如愿。2008 年，华为与贝恩资本联合竞购美国 3COM 公司，却因美国政府阻挠而未能成行；2011 年，华为被迫接受美国外国投资委员会的建议，撤销收购美国三叶系统（3Leaf Systems）公司特殊资产的申请；同样是在 2011 年，美国商务部阻止华为参与国家应急网络项目招标。当然，华为与美国运营商在手机业务方面的合作依然在推进之中。

2013 年，"斯诺登事件"爆发，揭开了美国监控全球通信和互联网的惊天秘密。美国国家安全局（NSA）和联邦调查局（FBI）于 2007 年启动了一个代号为"棱镜"的秘密监控项目，直接进入美国网际网络公司的中心服务器里挖掘数据、收集情报，包括微软、雅虎、谷歌、苹果等在内的 9 家国际网络巨头皆参与其中。

2013 年 7 月 19 日，美国国家安全局前局长、摩托罗拉解决方案总监迈克尔·海登（Michael Hayden）声称，其已经了解到华为网络设备后门的确凿证据，认为该公司涉嫌从事间谍活动，并与中国政府合作，深入了解境外电信系统。华为和摩托罗拉解决方案曾发生过知识产权纠纷。而华为的全球网络安全官约翰·萨福克（John Suffolk）将海登的相关评论认定为"毫无根据且有诽谤性的言论"，并要求他和其他批评者公开交出证据。

2019 年，郭平在英国《金融时报》撰文《美国打压华为暴露出害怕落后心理》，提及之前曝光的美国、德国利用瑞士加密通信设备公司 Crypto AG 监控世界几十年的丑闻，称"美国已经搬出重炮，将华为描述成对西方文明的威胁，我们一定得问问为什么"。文章紧接着引用了"棱镜门"案例，称美国打击华为，是因为华为妨碍了美国随心所欲地对世界进行监听。

2020 年郭平在推特（Twitter）开设账号，第一条推文就写道："2019年，我在《金融时报》上写道，'我们的技术妨碍了美国随心所欲地进行监听的努力'，Crypto AG 就是一个例子。当心，大哥在看着你！"

而华为 5G 开始在全球一马当先，成为美国政府最终对华为痛下狠手的关键因素。

中国高科技第一个世界级战略浮出水面

在美国政府集中国家力量打压华为 5G 技术之前，华为是近年来最有潜力挺进世界第一阵营的中国高科技企业之一，发展形势一片大好。

2015 年，华为的运营商业务、企业业务和消费者业务三箭齐发，均实现了高速增长。用一位华为员工半调侃性质的话来说，每一块业务都超过了预期，数钱都数不过来。以智能手机为例，2015 年华为智能手机销量超过 1 亿台（苹果为 3 亿台），且增速喜人。按照当时的预测，2020 年全球智能手机的销量大约是 20 亿台，其中华为智能手机的销量会达到 5 亿台，占据全球 25% 的市场份额，成为全球第一。

2016 年 4 月 1 日，华为公司发布 2015 年全年财报。财报显示，2015 年华为销售收入 3950 亿元人民币（约 608 亿美元），同比增长 37%；净利润 369 亿人民币（约 57 亿美元），同比增长 33%。对比之下，欧洲电信巨头爱立信公司 2015 年全年销售额 290.3 亿美元，净利润 16.1 亿美元；华为曾经最为强劲的对手思科系统公司，2014 年营业收入 492 亿美元，2013 年为 471 亿美元，同比增长 4.3%，已经进入长期的滞涨状态。华为从此超过思科，并且大幅度甩开了差距。

洞察全球高科技产业格局，甚至整个商业与社会的变革，每年年初有几个展览是最佳的窗口：通常来说，1 月份是美国拉斯维加斯举办的偏向消费端的国际消费类电子产品展览会（CES），为看热闹的最佳窗口；2 月份是西班牙巴塞罗那举办的偏向运营商和通信设备厂商的世界移动通信大会（MWC），为看门道的最佳窗口；3 月份是德国汉诺威举办的消费电子、信息及通信博览会（CeBIT）。这三个展览会基本汇聚了全球高科技的"三教九流"，各大企业会在这里展示出各自的看家本领和未来理念。

在 2016 年的巴塞罗那通信大会上，华为无疑是最亮眼的企业，在最佳的一号展馆，占据了 6000 平方米的展台（此外，华为在 3 号馆还有终端独立展台），几乎自己就可以开成一个独立的展会了。华为的展览很引人注目，思科、诺基亚和三星等竞争对手相形见绌，使得整个通信展几乎形成了"华为及其他公司"的格局。这个格局基本上预示了全球下一个 10 年的基本走势。华为意气风发，厚积薄发，软实力完全展现，呼应年初任正非豪情万丈的发言，剑指全球高科技之巅。

展会几乎成为华为的临时总部，公司的重要人物几乎全体出动。用华为轮值 CEO 郭平的话来说，就是围绕这次展会，预算"上不封顶"，华为邀请了全球 5000 多名客户高管和合作伙伴。可以说，这是中国企业在国际大型展览会上第一次如此高调。这标志着华为的发展渐入佳境，以及中国高科技的全球崛起步入新的拐点。中国高科技企业能抵达"一览众山小"的高度，这种骄傲无与伦比。

在巴塞罗那通信大会之前，任正非在 2016 年 1 月 13 日的华为市场工作大会上的演讲已经将他的战略思想做了更充分的展示。任正非以"纵深发展，横向扩张"为核心，以"狼性思维"分析了华为要立足主航道，如何在已发现的战略机会上聚集能量，实施饱和攻击，迅速做大；尤其是大胆提出，华为的消费者业务要敢于在 5 年内超越 1000 亿美元的销售收入。可以说，这是华为的一次脱胎换骨的升级，也是中国高科技行业的一次里程碑式的进阶。

令人激动的是，实际的发展比华为预先定的目标更好。华为调整了新的预测数据，预估在 2021 年仅消费者业务部收入就至少可以达到 1500 亿美元。而 2015 年全球高科技神话般的企业——苹果公司，年度收入大约 2300 亿美元。IBM、惠普、微软等美国老牌 IT 巨头，年度收入在 1000 亿美元左右，已经上攻乏力。在 5G 技术领域，华为的 5G 专利已经昂然挺进世界第一阵营。

2016 年 11 月 8 日，唐纳德·特朗普（Donald Trump）击败美国民主党总统候选人希拉里·克林顿（Hillary Diane Rodham Clinton），当选美国第 45 任总统。2016 年 12 月 19 日，美国选举人团进行投票，正式确认美国总统选举的获胜者。2017 年 1 月 20 日，特朗普在美国首都华盛顿特区宣誓就职，正式成为美国第 45 任总统。历史性的转折开始了。当然，不是特朗普改变了历史，而是历史在这一时刻选择了一个特朗普这样的人物来完成这场转折。

美国对华为的制裁接踵而来，智能手机是美国制裁的重灾区，华为 2021 年光在消费者业务部就损失了近 1200 亿美元。

美国不可能容忍一个平起平坐的竞争者

　　美国政治学家约翰·米尔斯海默（John J. Mearsheimer）多年前预测，中国的崛起将导致美中之间的冲突。他于 2020 年接受"德国之声"专访时，再次针对美中对立的未来发展做出预测。他很直白、简洁地阐述了美国遏制中国的基本逻辑：首先是关于竞争态度的逻辑，"关键之处在于，美国不会容忍平起平坐的竞争者"；其次是关于竞争关系的逻辑，"有理由相信美国在可预见的未来能遏制中国"。而他提到的"霸道"逻辑，事实上真正成了特朗普和拜登政府实行的国策。

　　"一些人认为美国无法阻止中国成为区域霸权。或许 40 年后中国的实力能与美国匹敌，届时美国便无法再阻止中国坐大，成为地区霸主。但我怀疑这是否会是最终结果。有理由相信美国在可预见的未来能遏制中国。"

　　米尔斯海默的逻辑说明了，假如中美科技战能够走向休战，那么核心在于：必须是上述的容忍逻辑和遏制逻辑都失效，美国才可能真正改弦更张！也就是说，一是美国能够容忍中国成为与它平起平坐的竞争者；二是美国最终相信自己无法遏制中国，这两大前提缺一不可。只有这两大前提消除，中美关系才能走向新的常态。而只要美国在这两个逻辑中有一个不放弃，中美之间就不具备偃旗息鼓的基础。

特朗普政府的美国司法部部长威廉·巴尔（William P. Barr）对此做了最直白、坦诚的表述。在2020年7月17日的一场演说中，他声称："自从19世纪90年代以来，美国一直是全球的技术领军者。我们的繁荣、历代美国人的机会和安全均来自这种超凡的技术实力……如今，摆在我们面前的利害攸关问题是，我们是否能够维持这种技术领导地位……5G技术处于正在形成的未来技术和工业世界的中心。从本质上讲，通信网络不再仅仅用于通信。它们正在演变成下一代互联网的中枢神经系统，工业互联网，以及依赖于基础设施的下一代工业系统。中国已经在5G领域占据了领先地位，占据了全球基础设施市场的40%。历史上第一次，美国没有引领下一个技术时代。……中国目前正意图夺取全球经济的制高点，超越美国成为世界独占鳌头的科技超级大国。"

真正的警示来自"中兴事件"的爆发。2016年3月，美国商务部对中兴实施出口限制措施，导致中兴公司暂时停牌交易。禁运事件爆发后，在双方政府的协调下，美国商务部给中兴颁发了临时许可证（license），从而保证中兴可以正常采购美国元器件和软件。但是今天回过头来看就可以发现，这只是一次预演而已。

华为如何生存下去？

2016 年 6 月 2—3 日，《华尔街日报》和《纽约时报》援引知情人士的消息报道，美国商务部已向华为发出传票，旨在查明华为是否违反了美国的禁运令。美方并未指控华为有任何错误行为，行政传唤也不意味着刑事调查。当然，此时严格遵循合规要求的华为，相信自己和中兴的境况是完全不一样的。但是，我认为美国政府"醉翁之意不在酒"，调查合规与否并不是其目的，而只是其手段。我在《中国信息安全》2016 年第 6 期发表了《协同博弈，应对中美高科技大考》一文，在文中写道：

"最好的结果是最终平安无事，虚惊一场。但是，这不符合美国一贯的策略预设，虽可乐观其成，但也不能幻想。第二种可能是挑一些把柄，做一些惩戒，算是杀鸡儆猴，大事化小。以华为一贯逆来顺受的好态度，以及华为本身行为的严谨，避免更坏的结果，也算相安无事。而第三种是最坏的结局，就是美国政府以此为理由，要求美国企业停止供应华为关键零部件和技术，致使华为设备和手机业务遭受重创。毕竟，在美国依然绝对掌控核心技术以及全球供应链一体化的今天，理由和出招都不难。

"原本以为，不进入美国市场，华为就可以高枕无忧。这个想法显然太天真！华为的规模已经达到影响产业、社会和国家诸多层面的程度。华为的崛起，只要动摇和危及美国垄断性的网络空间霸权，它一定会想办法给予狙击。在全球高科技供应链一体化的今天，美国依然把持着主要的核心技术环节。通过把控供应链的关键节点，依然严重依赖美国核心技术和产品的中国企业，退无可退，躲无可躲，唯有积极迎上去。

"如今，即便华为基本放弃美国的核心市场，美国政府也不甘罢休。过去企业对企业的市场竞争，华为没有悬念地取得了胜利。但是，今天以一家企业力量去抵挡美国政府，就是一场完全不对等的战斗。如果没有强大的产业力量为背景，没有幕后国家力量的战略支撑和依靠，华为的未来将会凶多吉少。但是，作为中国领军的企业，华为最担心的还是，政府需要表现高超的智慧，而不是帮倒忙，否则只能让企业的处境更加糟糕。可以说，网络时代，中美更高层次的博弈，不在军事；更高智慧的较量，不在南海，而就在两国高科技产业之间的巅峰对决。今天，华为、中兴遭遇的这些洗礼，都只是开端而已。"

我们该不该"恶意"揣测美国政府？这个目前还不好说。但是，现在回头看 2016 年的研判，当时预测的最坏的情况还是发生了，而且远远超出我们的想象。

2018 年 12 月，美国政府依据"长臂管辖权"以及与加拿大之间的国际司法协助条约，对华为进行跨国"执法"，引发全球高科技领域的极大震动，全球股市开盘大跌。美国有线电视新闻网（CNN）在 2018 年 12 月 10 日刊文表示，华为是中国减少对外国科技依赖的核心动力。美国挥舞"长臂管辖"大棒，犹如"项庄舞剑"，意在集中火力与中国一争科技霸主地位。我们有理由认为，美国政治力量借助美国外交和法律体系，有目的、有步骤地通过狙击中国高科技领军企业，一步步达到全局性遏制中国高科技全球崛起的意图。

2019 年 5 月 16 日，美国商务部宣布将华为及 70 家关联企业列入出口管制"实体清单"。这意味着今后如果没有美国政府的批准，华为将难以向美国企业购买元器件。受此影响，多家国外供应商也无法向华为提供支持。

2020 年，美国政府针对华为多次修改芯片法案。当年 5 月 15 日，美国商务部又宣布新规，限制芯片代工厂为华为生产任何芯片，即只要任何一个生产环节使用了美国的软件和硬件设备，就需要申请许可证；就算是华为自己设计芯片时使用美国 EDA（电子设计自动化）工具，也需要向美国申请许可证。这彻底封死了华为的芯片制造之路，预示着华为必须依靠完全不含美国技术的技术，才能延续自己的业务。

2020 年 11 月 26 日，任正非在荣耀送别会上说："在美国的一波又一波严厉的制裁下，我们终于明白，美国某些政客不是为了纠正我们，而是要打死我们。"

作为一名旁观者，看到华为遭遇美国极端打击也不免为其揪心。这种打击，任何一个企业都很难承受。可以说，美国政府对华为的制裁比对恐怖分子还要严厉，因为连过去针对敌对国家限定的 10% 美国技术含量的门槛都没有了，直接将占比降到了 0，一丁点儿都不允许有。美国政府制裁消息出来后，墨西哥的麦当劳不给华为员工送外卖了，中国公司的员工都不能与美国公司的员工讲话。在这种局势下，别说发展，首要的问题就是：华为如何生存下去？

历史时刻，"欧拉"临危受命

在 2019 年 5 月 16 日华为被美国商务部列入"实体清单"后，华为团队的反应，彼此之间的交流，已经密集到不是说决策要做什么，而是必须迅速地摸底、排计划，把所有产品线上的东西理清楚，快速评估"5·16"带来的影响：哪些东西不可获得，哪些东西可获得，这些不可获得的东西影响面有多广，可获得的这些东西未来还能不能继续获得，已经获得的许可证还能不能继续用，所有的这些东西华为要怎么去做替换；已经用了SUSE、红帽（Red Hat）和风河（Wind River）公司的，要迅速判断这些东西未来还能不能用，编译器还能不能用，相关的工具还能不能用。

与此同时，华为集中全部力量去攻克芯片似乎也没有多大意义，因为谷歌、红帽和微软等大企业都受美国制裁的影响而拒绝再向华为提供服务，所以华为即便是一夜之间将自产芯片鲲鹏做出来，没有相配合的软件生态也无法使用，软硬件都可能"发展不起来"；更不用说在美国极端的制裁下，鲲鹏芯片短期内无法做到如期生产和发布。所以华为决定做计算产业，要把操作系统、数据库的开源做起来，要做产业生态。

任正非在 2020 年初的市场大会上就曾说道："我们公司要实现一个转型，从产品型公司到生态型公司的转型。"华为计算产品线总裁邓泰华认为，华为向生态型公司转型有两个原因，其中一个原因是，有生命力的企业都是生态型企业。对于外部的打击，有的企业打不动，有的企业打不着，生态型策略就是"让你打不动"，像美国很多的 500 强企业都构建了一个完善的生态系统，因为生态型企业的涉及面太广了，它们更能够扛住变化、波动。另一个引发华为转型的重要原因是，构建一个生态，不光是为华为自己服务，也是为中国数字基础设施打造一个新生态。

华为称这次向生态型公司转型的行动为"战略转折战役"。

时势造英雄。"欧拉"，一个已经存在十多年，甚至算不上"备胎"的项目，就是在这个时候临危受命，成为华为突围与转型的重大突破之一。

黑格尔说，历史的进程，如同一颗种子的破土而出，都是内在的时代精神不断展开的过程。任何重大的偶然背后，都有着历史进程的必然性。"欧拉"展示了华为独特的创新精神，更展示了一种全新的创新模式，在一定程度上超越了中国现状，甚至超越了华为本身。这种特质，注定了"欧拉"蕴含着诸多超越产品本身的时代精神和未来启示。本书《欧拉崛起：从华为走向世界》的初衷，就是第一时间深入"欧拉"这颗创新种子的内在，帮助大家窥探"欧拉"进程中所包含的创新"源代码"。

第二章

『欧拉』的起源

"欧拉"是什么？"欧拉"为什么？

任何一个产品，都与公司的命运紧密相连，都是企业发展进程中的历史产物。"欧拉"也不例外。要深入考察"欧拉"，起码要深入华为过去十多年的发展历程。"欧拉"从无到有的酝酿、诞生、萌芽和成长，是一部非常精彩动人、扣人心弦的故事片。

但是，在开始讲述"欧拉"的故事之前，我们还是很有必要先追问一下：对华为来说，"欧拉"究竟意味着什么？

针对这一问题，华为高层已经给出了很明确、很清晰的回答。华为轮值董事长徐直军解释了"欧拉"前后的不同定位："之前'欧拉'主要服务于鲲鹏服务器，重新定位后，'欧拉'是未来的数字基础设施操作系统。"

在 2021 年华为全联接大会（HUAWEI CONNECT）上，徐直军更用一句话解释了鸿蒙操作系统和欧拉操作系统的区别："华为未来打造两个操作系统，一个是鸿蒙操作系统，一个是欧拉操作系统，都开源。鸿蒙操作系统主要的应用场景是智能终端、互联网终端和工业终端；欧拉操作系统面向服务器，面向边缘计算，面向云和嵌入式系统。"

2021年9月14日，华为公开了任正非在华为公司中央研究院创新先锋座谈会上与部分科学家、专家、实习生的讲话，题为"江山代有才人出"。其中，对于"鸿蒙"和"欧拉"也有明确的定调：

"未来软件将吞噬一切，说明未来信息社会的数字化基础架构核心是软件。数字社会首先要终端数字化，更难的是行业终端数字化，只有行业终端数字化了，才可能建立起智能化和软件服务的基础。'鸿蒙''欧拉'任重道远，你们还需更加努力。'鸿蒙'已经开始了前进的步伐，我们还心怀忐忑地对它有所期盼。'欧拉'正在大踏步地前进。'欧拉'的定位是瞄准国家数字基础设施的操作系统和生态底座，承担着支撑构建领先、可靠、安全的数字基础的历史使命，既要面向服务器，又要面向通信和实时操作系统，这是一个很难的命题。"

也就是说，在华为未来的战略视野中，"鸿蒙"和"欧拉"将是未来华为通过互联网终端构建万物互联网生态，以及深度运营数字社会基础设施的两大底座和"根技术"。同时，欧拉操作系统的主要任务是保证信息安全，补齐操作系统的短板，改善软件技术关键性的难题。

当然，这是对于"欧拉"产品的定位和期望其承载的具体使命。而站在华为之外，我们可以发现，"鸿蒙"与"欧拉"对于中国IT产业的贡献，可能超出华为自身的认知，不仅仅是应对科技战的需要，在过去10年的时间里，华为自身实际上已经在发生巨大的转变。作为一家拒绝多元化诱惑的中国高科技企业，华为在不知不觉间已经超越了过去定位的单纯的通信设备厂商。但是，华为未来究竟将走向何方？这个问题的答案并不清晰，而且目前也很难清晰。

不过有一点比较清晰，欧拉操作系统很可能是 30 多年来，中国操作系统真正取得了突破的代表之作。

2021 年 11 月 9 日，操作系统产业峰会 2021 在北京国家会议中心线上、线下同步举办。大会期间，华为携手社区全体伙伴共同将已开源的欧拉操作系统（openEuler）正式捐赠给开放原子开源基金会。"这是'欧拉'发展的一个重要里程碑，'欧拉'成为全产业共同拥有的开源生态。"华为计算产品线总裁邓泰华在大会主题演讲中表示，欧拉操作系统自 2019 年底正式开源以来，得到产业界的积极响应和支持，"欧拉"生态得到了快速发展，欧拉开源社区已有近万名开发者，超过 300 家企业加入；合作伙伴基于欧拉操作系统推出的商业发行版操作系统，已经应用于政府、金融、运营商、能源等行业核心系统。欧拉操作系统商用突破 60 万套，并有望在 2022 年实现中国服务器领域新增市场份额第一。

中国操作系统之路的辛酸泪

　　进入操作系统研发领域，对于中国企业来说，虽然不是一个全新课题，却是一座从来没有真正突破过的"大山"。国产操作系统，包括基于开源 Linux 操作系统的努力，从 20 世纪 90 年代就开始了前赴后继的尝试，最终还是一地鸡毛，满篇都是辛酸泪。从永中 Office 的破产重组，到中科红旗（北京中科红旗软件技术有限公司）Linux 的全盘清算，中国基础软件经过 30 多年的奋战，最终没能杀出重围。

　　早在 1999 年 6 月 6 日，倪光南院士便在《人民日报》上发表过一篇文章，题为《不可不搞，不可慢搞：大力开发自主操作系统》。中国缺少操作系统之痛走出了业界，成为整个社会舆论关注的焦点，也引发了政府高层的高度重视。

　　倪院士在文章中写道："当前的国际环境要求我们尽快增强综合国力，IT 产业对富国强兵举足轻重。在 IT 领域，一些核心技术特别是操作系统，关系到产业发展的主动权和一切系统的安全性，例如最近人们发现微软可以通过视窗 98①取得用户的资料，这个问题被揭出后，微软就说可以禁止这个功能，但为什么别人不发现就不说呢？总之，作为 12 亿人口的大国，自主的操作系统不可不搞，不可慢搞，应该拿出当年发展'两弹一星'的气概来做这件事。"

1999 年，时任科技部部长的徐冠华就曾说过，"中国信息产业缺芯少魂"。这个"魂"当然就是指操作系统。倪院士在当年 7 月给科技部部长徐冠华做汇报，题目为《Linux 的发展概况及我们的对策建议——发展我国自主操作系统》。他当时对于 Linux 的判断是：Linux 已被实践证明是高性能、稳定可靠的操作系统；已得到全世界软件公司的支持，拥有大量的应用软件；在互联网服务器领域已跃居首位；有远大发展前途。

倪院士在汇报中提出的 8 条建议也值得我们今天重温：1. 建立高层次领导机构，统一领导和协调发展我国自主操作系统工作；2. 在关键应用领域和关键工程项目中要求采用自主操作系统，已运行的设施不符合要求的应分期分批转移；3. 作为《采购法》配套法规，规定对自主操作系统的倾斜政策；4. 拨出专款资助和奖励企业、研究单位、高等院校和个人围绕 Linux 进行开发、增值、集成、支持服务、培训等工作；5. 资助移植原有的软件产品，要求新软件产品必须支持自主操作系统；6. 在行业标准中，要求对计算机操作系统提供包括自主操作系统在内的多种选择，避免微软用版权费要挟；7. 有关教学内容和考核标准尽快转向自主操作系统；8. 大

---

① 视窗 98：Windows98，是微软研发的一款计算机操作系统。

力宣传，在全社会树立"以采用自主操作系统为荣"的观念。

20多年过去了，中国的操作系统之痛依然如故。我想，即便是今天再有人给政府写关于中国操作系统的发展建议，也很难超过倪院士的上述建议。

这么多年来，我们对于这个问题的认识不可谓不深刻，政府的支持不可谓不用心，很多中国企业也前赴后继，但是中国的 Linux 操作系统之路在久经坎坷之后，为什么始终没能够在全球占据一席之地？这个"灵魂拷问"，回答起来可能很难，但是也可能很容易，那就是缺乏一家真正适合做成中国操作系统的企业！只有有了这家合适的企业，才可能打破僵局，才可能让倪院士几十年的鼓与呼成为现实。华为，是这样的企业吗？

加尔定律（Gall's Law）告诉我们，一个切实可行的复杂系统，势必是从一个切实可行的简单系统发展而来的。从头开始设计复杂系统根本不切实际，无法修修补补让它切实可行，而必须由一个切实可行的简单系统重新开始。对于一个企业的重大战略抉择和战略转型，加尔定律似乎同样适合。诸多教科书和其他著作中对非凡战略的描述，基本上都是事后诸葛亮，通过物色诸多线索，来论证战略出台的先见之明和高瞻远瞩。

华为对于操作系统的领悟，不是由热血沸腾的行业和国家使命驱动的，而更多的是基于自身的发展和市场的需要。这一点，也将华为与中国其他从事操作系统的企业区分开来。

事实上，像华为这样的企业，不仅需要考虑自下而上的技术和市场的趋势，还要考量自上而下的国家战略和地缘政治的走向，以及综合考虑企业的资源和管理等各种关键要素。所以，任何重大战略的出台，都不可能是一个一开始就高瞻远瞩、义无反顾的线性故事，而是一个混杂着野心和疑虑，交织着信心和争议，充满了徘徊和动摇的复杂过程。但是，这些不明确、不清晰的背后，的确需要一种独特的战略敏锐感。这种感觉既来自企业高层，也来自业务的第一线。

2008 年之前，是"欧拉"的混沌、孕育阶段，却也是战略嗅觉开始被激活的阶段。这段易被忽略的"'欧拉'史前历史"，当你真正深入挖掘，会发现它最初可能是最简单、最纯粹的，也是最接近真相的，对于我们今天理解华为"欧拉"的发展不可或缺。

在 CT 中开始嗅到了 IT 的气味

20 世纪 90 年代,互联网浪潮在全球掀起,但是通信产业和 IT 产业依然各自为政,泾渭分明。

在这样的背景下,华为确立了自己的价值观、愿景和战略,并将其编纂成《华为基本法》,于 1996 年正式将其定位为公司的"管理大纲"。《华为基本法》第一条就明确规定:"为了使华为成为世界一流的设备供应商,我们将永不进入信息服务业。" 当时的中国信息服务业处于起步阶段,业务内容以软件开发、研制、销售、维护和服务为主,规模都不大。

彼时还只是一个"设备供应商"的华为,其交换事业部的主流产品是数字程控电话交换机 C&C08。他们推出了先进的 32 模交换系统,并获得了两项重大突破:在海南三亚开通了第一个 128 模的交换系统,在深圳景田建成了中国第一个超过 10 万用户的交换局①。但那时的华为根本不具有

---

① 交换局:永久或临时互连订户的中心位置。电话公司的交换机位于交换局中。

与西方公司竞争的可能性，主要向使用模拟小交换机的招待所、小酒店供货，并逐渐做大：第一阶段是从宾馆、酒店用的40门交换机开始，40门成功以后开始研制100门交换机，后来发展到200门……华为一步步往高处走，积累了很多年，才开始做数字式交换机。

作为当年参与C&C08市场拓展工作的核心成员之一，华为计算产品线营销副总裁张尹弘回忆道，他刚到部门时，国内装电话还是一件奢侈和困难的事。张尹弘毕业于北方交通大学（现北京交通大学）通信与控制工程专业，在重庆老家当了4年教师的他，于1998年加入华为，并且凭借自己的专业知识和勤奋努力，短短4年就成为产品部的总工。

张尹弘负责为全国各地办事处的同事们提供产品和解决方案的售前技术支持，并参与全国各地的客户沟通交流和拓展。他见证了华为在交换机领域的快速发展和创新。在他的记忆里，华为的C&C08交换机不仅能满足客户打电话的基本功能需求，还能提供如校园卡、ISDN（综合业务数字网）、商业网等其他增值业务。正是这些实惠又丰富的增值业务，帮助电信局极大地拓展了企业客户，快速满足了商业市话[①]的需求。C&C08交换机也因为其大容量、稳定性和光接口等优势，逐步从县局走向市局，从农话[②]走向市话。

华为的实力开始积累，但想要知道自己的实力水平，就要看看自己的

---

① 市话：市区电话，是指在同一归属地（市）入网的手机用户，一方在归属地发起（主叫）或双方同在归属地（主叫与被叫）之间的通话。
② 农话：固定电话中的区间通话，收费按照农村标准。

竞争对手有没有变化。彼时快速走向高处的华为，面对的"同行"已然不再是平庸之辈。当时日本、美国、加拿大、瑞典、德国、比利时和法国这7个国家的8种制式机型在瓜分中国市场。随着 C&C08 业务的不断丰富，在充分经受过大容量、大话量的稳定性等考验后，C&C08 逐步成为中国交换机的主流机型，推动了中国固定电话的大规模普及，华为也在整个中国电信市场站稳了脚跟。

与此同时，比电信更具朝气的互联网行业，虽然经历了寒冬的洗礼，但并没有放慢高速发展的脚步，而是通过 Web 2.0 掀起了互联网应用的新一轮高潮。2002 年，全球网民数量超过 5 亿。2004 年，社交网站 Facebook（脸书，现已改名 Meta）诞生。2005 年，视频网站 YouTube 诞生。2006 年，全球网民数量超过 10 亿。2007 年，苹果公司推出 iPhone 手机，移动互联网浪潮开始席卷全球。

2008 年，全球网民数量激增，超过 15 亿。也是在这一年，中国网民数量达到 2.5 亿，超越美国，位居全球第一。

互联网用户的激增，给通信产业带来的最大冲击就是产业边界的不断消解与融合，其中通信产业和 IT 产业首当其冲。原本定位电信产业，与 IT 产业边界清晰的华为，也随着一波又一波的技术浪潮，卷入"与时俱进"的互联网技术变革中，其主流业务从电路 TDM（时分复用技术）走向了软交换，主要产品从固定交换机转向了移动通信设备，华为团队的每个人都能感受到信息技术变革那步步紧逼的气息。

在这个过程里，张尹弘也从交换机产品部的总工，变成交换机产品部的主管、国内固网的总工，并随着技术浪潮慢慢走向了软交换时代。

张尹弘的历程，几乎是华为各大业务线主管事业脉络的再现：技术背景不断演进，业务层层打拼，岗位频繁调动，主管们的发展方向、节点，甚至发展节奏都保持着一致性的集体路径，一晃就是 20 多年。技术和市场的高强度融合，构成了华为长期的底色。

DOPRA 中间件，"欧拉"的历史源头

随着蓬勃发展的电信业务的推进，华为的员工开始接触多种硬件架构，MIPS、ARM 和 X86 都在其中。张文锋当时印象最深刻的就是，嵌入式领域所用的芯片种类非常多，华为的每个产品都要直接基于芯片编程，导致硬件平台的适配工作大幅度增加。不仅如此，不同的体系结构还包含了不同的操作系统，像 Linux、风河公司的 VxWorks 等操作系统还需要针对当时电信领域的特点做一些编程框架[①]（做编程框架是为了方便用户去做上层应用的开发，这是离操作系统最近的一层）。由于 Linux 和 VxWorks 对外提供的操作系统接口有很大的差异，在做上层应用编程开发时，要把操作系统的接口做封装。这样一来，整个应用接口适配工作就变得非常烦琐、低效。

---

① 编程框架：指的是实现了某应用领域通用完备功能的底层服务。使用这种框架的编程人员可以在一个通用功能已经实现的基础上开始具体的系统开发。

同时，电信软件对可靠性的要求又非常高，它要求服务商最低做到"5个9"，也就是说，华为每年的服务停机时间不能超过5分钟。一旦出现这种问题，华为要能快速地定位定界。这是一个非常高的技术标准。

而长期以来，华为的电信设备基本上都有一套自己的业务模式，不管是数通路由器还是无线基站，做业务模式的员工不需要对操作系统有太深的理解，大家只需要明白"快速跑通业务"这事儿的逻辑。在这种情况下，电信设备急需过硬的性能支撑。

对此，华为做了一个公共电信软件平台，内部称其为"DOPRA"。它是一个分布式、面向对象的中间件，存在的价值是屏蔽底下硬件架构的一些差异，提高系统的可靠性、可用性和调试能力。DOPRA平台也是华为有史以来使用量最大的一个中间件平台，它在嵌入式和电信领域每年的存量有几千万套。

而在2002年，当时的行业老大——美国思科系统公司为了阻止刚出头的华为抢占通信产业的海外市场，以侵犯思科知识产权为由打压华为，虽然最后双方达成和解协议，但这让华为意识到了知识产权保护的重要性。加之那个年代中国的创业氛围特别浓厚，以很多华为专家的水平，如果他们要创业，随便出去"拉一个队伍"就能做出同样的东西，知识产权保护自然成为华为技术战略的一部分。

2003年，华为成立中央平台开发部，目的有两个，其中最重要的目的就是保护知识产权，另一个目的是要做CBB（Common Building Block，共用建构模块）共享，让所有的软件平台、硬件平台形成一个公共的

CBB，供日益增加的华为人共享。

彼时的华为对外界的戒备心仅限于"知识产权保护"，并且只用于防范"企业"与"企业"之间可能发生的冲突。

华为现任中央软件院总裁、时任基础软件平台 DOPRA 系统工程师谢桂磊回忆说："华为做这些操作系统的预研项目，没有自发的觉悟说有一个清晰的目标，非要搞一个什么操作系统出来，大家更多的是在考虑一些面向未来的竞争力的问题，比如怎么把我们的这些研究成果落地，小型化能做到多少，可靠性是不是能做到'5 个 9'甚至更高，我们会想着要把我们看到的、具体的东西做到极致。"

有了 DOPRA 的助力，华为在通信领域的主营业务从 2005 年便开始呈现一路高歌、顺风顺水的上升势头，华为也越来越清醒地认识到计算对通信的根本性意义。那时华为自用的还是 VxWorks 这种嵌入式的实时操作系统，所做的日常工作是基于它进行相应的编程，还没有正式开始做操作系统。

到 2006 年、2007 年，DOPRA 平台部成立了操作系统能力中心，基于 Linux 做实时操作系统（RTOS），研究 Linux 的原理和机制对 RTOS 的使用、调度、访问、运行模式等系统支撑层面的问题。

在业务的推进和技术的发展中，华为希望把研发的软件技术点沉淀下来，让公司有计划、有节奏地积累软件技术经验，这就必须有一个系统平台来承载。而操作系统是软件技术的综合体，是承载软件技术的最好平台。同时，如果围绕操作系统构建起生态，业务的发展根基就会非常深厚和牢固。

研发自己的操作系统，发展自有生态的明确想法初现萌芽。年轻的华为并不是直接奔着"自己做一个独立的操作系统"去的，他们只想从业务需求入手解决具体问题，再同期做些前瞻性的"备胎"。

那时华为还无法预见到当年的计算未来会成为华为关键的主战场，但"承载软件技术"这个词语提示性地描述了操作系统在未来的软件开发中所扮演的角色。2008年，华为领导果断宣布投资服务器操作系统，并正式启动小型机和容错机项目。这一决策，成为孕育"欧拉"的重要支撑。

2010年，华为在通信领域的销售额已经达到两三百亿美元，即将触碰到华为认为的"天花板"。对于长期坚守在通信领域的华为来说，这一年也是发生历史性转变的一年。华为宣布正式进军ICT领域，不是仅仅做简单的单一产品，而是做基于整个ICT基础性能力的全局性布局，其中包括操作系统、数据库、虚拟化、编译器等7大"老掉牙"的基础技术，与当时如日中天的微博，即将破土而出的微信，以及热火朝天的互联网金融、共享经济等格格不入。到了年底，华为就开始筹建中央软件院，何小祥任中央软件院总裁，原先由RTOS团队负责的操作系统从DOPRA平台切了出来，范围扩展到嵌入式操作系统、服务器操作系统等，并成立了一个大的独立部门——欧拉部。

"欧拉"这个名字是由"2012实验室"总裁李英涛选取，经徐直军审批后敲定的。这是追溯整个"欧拉"比较清晰的历史源头和重要节点。

第三章

为『备胎』而战

欧拉部门成立，安安静静做"备胎"

随着产业的发展，IT 和 CT 融合得越来越深入。华为计算操作系统产品总监邱成锋希望欧拉团队具备足够的想象力，因为未来的应用可能是跨边界的，操作系统也不例外，尤其是未来 IT、CT 与 OT（运营技术）融合的时候，操作系统将是三者融合的最基础的阶段，它可以把南向硬件生态设备统一管理，统一使能北向软件生态应用，构建出一个统一生态。

而欧拉部刚成立的时候，部门员工对操作系统业务并不是很清楚，也没有非常明确的定位，大家还是只在各自熟悉的技术领域里面找寻可能的发展方向。

在决定启动小型机和容错机项目后，看到当时国内相关的高速背板总线能力不是特别强，小型机背板总线的高速通信（高速互联）能力又很重要，华为就将目光锁定在了美国的三叶系统公司。三叶系统公司的背板总线在互联上面的技术表现优异，如果华为能收购这家公司，以它的技术为基础来设计华为公司容错计算机背板互联的整个架构，将是"一举两得"的事——既能解决华为公司的技术瓶颈问题，又可以让三叶系统公司的优势技术获得更好的发展机遇。于是，2010 年华为以 200 万美元的价格收购了三叶系统公司，并在这一年完成了收购、接管和合并。

其实华为做服务器和做操作系统的逻辑一开始都很简单，都是为了自用。自己做服务器可以降低 X86 和内存、硬盘等其他件的采购成本，但是自用的采购量太少，产品的定价会因为量少而上浮，比如向英特尔等公司采购时，由于订单没有达到一定的规模，采购价格比达到一定规模后的价格高很多，所以华为自己做服务器并不挣钱。

2011 年 11 月，华为又宣布收购赛门铁克公司持有的华为赛门铁克科技有限公司（简称"华赛"）的股权。华赛是一家专注于存储业务的公司，这意味着华为收购华赛之后，就拥有了"存储和安全"的能力。

服务器和存储的到位，让华为有能力正式涉足 IT 产品线，华为决定由负责核心网硬件平台的团队来统筹。这一刻，华为终于和 IBM、惠普、易安信、戴尔等公司有了对标的产品，彼此间的业务进入了多方的角逐，华为终于奏响了与多家科技公司成为"竞争对手"的命运交响曲。

在这宏大的战略主旋律背景下，徐直军不得不思虑得更周全、长远：当华为的服务器和存储与美国相关公司进行全栈竞争时，缺少操作系统、数据库的华为，接下来要如何竞争？是不是应该全力投入经费做操作系统和数据库？

他在想清楚"全栈竞争"是华为未来的竞争方向后，就很坚定地以基本年均一亿美元的研发投入来大力发展操作系统和数据库，因为全栈竞争平台上的对手都是全球顶级的巨头。

对操作系统的研究在如此大的财力、人力投入中慢慢演变，最终演变成了"应对美国"的"备胎"。

一直以来，华为从企业的价值观上就致力于打造坚实的科技基础，其中当然包括做操作系统和数据库，尽管决策还不够细致，但公司依然坚定地迈向目标。这种决心从花费重金收购华赛一事中就可见一斑。

然而，华为和中兴在通信领域的崛起已经引起美国的关注。2012年，这两家企业都被美国认定为"威胁国家安全"，并被要求出席美国国会听证会。这是中国企业负责人首次出席美国国会听证会。同年，华为对三叶系统公司的收购遭到美国的否决。在美国相关审计人员的监控下，华为不得不把所有跟三叶系统公司相关的知识产权代码从其系统里清除出去。这件事对华为容错机的发展影响巨大，也成为"欧拉"业务内容的一个拐点。

遭此重创后，华为正式把服务器操作系统纳入"欧拉"的发展范围，开始规划自研操作系统。自此，中央软件院欧拉实验室成立手机终端操作系统开发部。当时全球智能手机操作系统市场已经形成谷歌安卓（Android）、苹果iOS、微软Windows Phone三足鼎立的形势。作为全球第二大电信设备制造商及第六大手机厂商，华为此举意在让自研操作系统在极端环境下成为谷歌安卓操作系统的替代品，而非替代某家合作方。

2012年中，华为启动了"欧拉"项目，旨在打造一款开放、创新、包容的操作系统。他们从原来做容错机的团队中抽调一批精英人员，组建了欧拉七部。七部按照数字编号明确分工：一部专攻终端操作系统，二部专攻嵌入式操作系统，三部专攻服务器操作系统，五部专攻虚拟化技术，六部专攻编译器，七部专攻操作系统内核，八部专攻测试与验证解决方案，跳过了四部。这几个部门被戏称为"欧拉八部"，因为大家都喜欢金庸的长篇武侠小说《天龙八部》，也对这"八部"即将释放的能量寄予厚望。

"欧拉"涵盖了端、管、云三大领域，其中端侧由李金喜领导，包括智能终端（包括手机和电视）、物联网操作系统（LiteOS），主要由一部负责；云概念火热，由五部承担。可以说，"欧拉"项目是华为公司实现全面发展的重要战略布局。作为数字基础设施操作系统，它覆盖服务器、云、边缘和嵌入式的设备，支撑应用在 IT、CT 和 OT 融合。

当时胡欣蔚负责主攻操作系统内核的欧拉七部，并担任欧拉开源社区技术委员会主席。他们从零开始，建立了一个核心内核开发团队。团队成员都没有做内核的经验，只是觉得内核很重要，应该把它独立出来，做更深入的分析和投入。

也是在这一年，华为在公司内部发布了服务器操作系统——欧拉操作系统。初始的"欧拉"完全不能用"一个产品"来形容，充其量不过是个配套的部件，完全没有体系、没有生态。

而华为领导层"并不嫌弃"这个不成体系的结果，他们对"欧拉"有坚定的战略定位，因为"欧拉"至少有两层不可替代的意义：一是"安安静静做'备胎'"，二是要配合华为芯片。任正非高屋建瓴，大家都认同他对"欧拉"的战略宏观定义，但"备胎"只是个战略概念，这个概念性的意志从华为最高领导层，层层传递到 50 人团队的执行层，中间每一层的领导对此事的理解都有着巨大的差异：这件事是早一天做还是晚一天做？是先给你两个人做着玩玩，还是给你 200 人认真做？这些可以弹性理解的认知差异将直接影响公司对这个项目的重视程度和投入成本。

但一切的不成熟和不确定，都将成为欧拉操作系统走向充满无限想象的产业发展方向的动力。

研发的困境

比"欧拉"处于初始产品状态更糟糕的是，放眼全球，操作系统也只是一个小众产业的技术领域，对此有深刻理解的人并不多。即便是别人眼里的绝对"技术先锋"的华为人，对操作系统产业也根本不算懂行。

人员的不懂行还来自其他各方面。

领导层在资源分配上就显得犹疑模糊，因为通常一个新的项目团队在组建时，领导对其的预期是"给你一个机会点，看你这拨人能不能做事儿。如果做不成，就再换另一拨人"。

执行层在做事时又像"哲学对立"一样的，无法产生默契。欧拉部的一位老员工曾写文章，把这种"哲学对立"称为"黑白色的华为"。黑、白代表着两种截然不同的做事方式：执拗和灵活。比如一个领导今天说a，你按着a走了半圈，汇报的时候，领导会问你为啥不走b，于是你又去走了b，事后领导还会追问你为啥不走c。一个新入职的华为人根本不知道公司做事的逻辑到底是怎么回事，自己该执拗还是该灵活？那种感觉让

041

人发蒙、抓不住重点，甚至"整个人都会彻底迷惑"。

外来专家来华为，也需要适应一阵子。郑忠源和熊伟都是外来专家。让熊伟至今记忆犹新的是，初入鲲鹏项目时，他几乎听不懂同事和领导的话，甚至需要项目经理胡涛为自己"翻译"，将老华为人的"黑话"转成他能够理解的"正常语言"。熊伟称之为"挑战语言关"。比如"welcome to join the conference"，这是内部人的吐槽，表示不管何时何地，你都会被呼叫入会，而且频率很高。华为内部的一套语言体系和逻辑体系，让熊伟深刻感受到华为和外部思路的巨大差异。

所以熊伟常笑道："如果要鉴别一个人是不是华为人，看对方嘴里蹦出个什么词儿就知道了。"

在大家都不算懂行的情况下磨合一个从来没干过的新项目，别说新人，很多技术专家在对立逻辑的强压力之下都挺不过半年。据华为人说，包括高职级在内的专家在一年之内的"阵亡"率有30%～40%，有时甚至是40%～50%。

初建的操作系统团队甚至没有一个整体的战略规划，更别奢谈产业生态的伟大目标，它在公司内的定位仅仅是做某些设备的配套部件。既然是做配套，那么摆在团队面前的首要问题就是生存问题：要在公司内找到具体的应用场景来养活自己。欧拉部当时的副总把目光投向了存储产品线。

作为欧拉操作系统的试水之作，存储团队也刚刚组建，他们也面临着许多困难。存储产品线就不断反馈各种问题，团队成员经常连续几个月加班到深夜，一个问题处理两周没有进展都是常事……就这样，团队还不断地调整定位，以致离职率不断创下新高，那些顽强坚守的人也都脱了一层皮。

当然，这不是华为一家面临的难题，而是所有的大公司或者超大型公司在面临新项目考核问题时都会遇见的常见病：团队第一年做 a 这件事，如果明年还做 a，除非有个巨大的可实现的条件，否则普通延长线的事儿很难做出 KPI 和 PPC。这也是为什么许多大公司的团队会做出在外界看起来"很古怪"的一些动作，其本质都是因为在这种管理体制下，团队每隔一两年就需要找到新的故事点，找出新的发展方向，证明自己存在的价值，否则团队两三年后就要直面"去留与否"的生死挑战。

这个痛苦的过程整整持续了一年半的时间，存储产品线的业务才基本稳定下来，"欧拉"场景落地这件事总算有了突破。

无论如何，大家都是初始状态，存储产品线就此成为"欧拉"第一个实际客户，"欧拉"也算是有了第一个落地的产品。在领导层看来，这时的欧拉操作系统团队才称得上是"慢慢有模样"了。

随后，欧拉操作系统逐步应用到华为的其他产品线，并逐渐成为公司各个产品线的底座。

回忆欧拉操作系统的初始阶段，能够快速地应用到产品线，使"欧拉"成为产品线竞争力背后的重要支撑，是其萌芽期非常重要的一步，这也是作为一个子项目在大公司获得成功的基础。是啊，如果连自己公司的产品都支撑不好，就不要奢望后续所谓的构建产业生态等更远大的目标。而华为也因此收获颇丰，他们借此机会培育了越来越成熟的操作系统团队——这是华为最看重的，因为任何产品的成功，本质上都是团队的成功。

然而存储产品线的初战告捷，不过是欧拉操作系统面临种种挑战的开始。华为对任何具有战略定位的业务的态度都是：要先有自己的技术定位。那么，接下来"欧拉"的技术定位是什么？

解答这个问题的重任自然落到了"欧拉"业务负责人郑忠源博士和首席架构师熊伟博士身上。

认识到操作系统生态的重要性

曾在中科红旗担任副总裁，主要负责中科红旗 Linux 的研发和测试方面工作的郑忠源在介入"欧拉"项目后感到很困惑：过去在中科红旗工作的时候，他接触到的通用操作系统的方向、指导思想跟红帽、SUSE 的产品定位很类似，大家都是面向普通客户的，很多时候就算他们自己不知道客户会在上面跑什么业务也没关系，反正系统必须满足的是一般用户最普遍的需求，而不是为了一个特定的领域去开发操作系统。但是欧拉操作系统面向的客户特别具体，眼下存储产品线就有自己特定的要求。

加上华为对产品质量的要求非常严苛，从开发通用操作系统，到指向特定设备、特定用户做操作系统，华为的一切技术要求都达到了极致的程度。这让郑忠源产生了特别大的触动，这种感受是他在中科红旗工作的时候完全没有的。"举个例子，对新的产品版本做性能的优化，华为的要求'简单粗暴'，就是这一版的性能要比上一版提高 30%，那么你得在软件层和硬件层上一点点地去抠，把它的性能优化给'压榨'出来。好在华为聚集了很多做技术支持的人才，很多从英特尔、甲骨文等外企过来的人才给华为带来了技术、眼界和想法。在华为，我们互相之间有很多交流，我觉得这是一件非常好的事。"

郑忠源在华为适应了一段时间，找到了一些感觉，对欧拉操作系统的一些方向性问题做出了新的判断，这些判断涉及技术路线、工作流程、部门组织以及团队思想层面："欧拉"或许可以从一开始只是给内部产品做底座，到后来逐渐在公司的云方面推广，再变成用一种相对通用的方式去做产品。

做通用操作系统出身的李瑞联一直对通用操作系统有持续跟进的想法，所以在操作系统"碎片化"、生态割裂、应用重复开发、协同烦琐等众多挑战的背景下，大家想办法共同对欧拉操作系统进行了全新的升级，希望欧拉操作系统拥有更广阔的想象空间。

郑忠源和熊伟当然希望"欧拉"能够成为整个产业的操作系统，而不仅仅满足于配合公司内部的产品线，因此他们当即定了两个方向：一个方向是对外发布欧拉操作系统，推动"欧拉"成为产业的公开平台；另一个方向是配套公司研发中的鲲鹏系列芯片。他们相信，这两个方向内外齐发力，一定能将"欧拉"真正地推到产业的道路上去。

伟大的事情注定要历经坎坷，只是两位博士没有料到，这种坎坷要经历整整5年。

与此同时，华为一直尝试在整体认知层面对"欧拉"进行调整：作为做硬件出身的公司，华为的硬件基因相对比较强大，但是大家希望"欧拉"从硬件到操作系统和应用，能通过软硬一体配合，把性能做成一体化产品，这需要从底层开始做起，把它做到极致；其次，通信行业起家的华为习惯讲究标准，符合标准的厂商产品在过去都能够"通用"，所以一直以来华为对软硬件之间的生态配合需求不是特别大。但是随着华为进入 IT 产业，在市场上碰到了很多客户，拿了很多单子后，华为开始慢慢体会到操作系统作为一个生态的发展思路其实非常关键，比如华为要做云，虽然欧拉操作系统可以给云提供底座，但是云产品部门的领导在跑了一些客户之后又发现，操作系统生态比单纯提升性能要重要很多。软硬一体化带来的认知的改变，促使管理层要思考的问题接踵而来："需要改变"就在眼前，"欧拉"必须变，那"欧拉"怎么变？

作为底层技术，没人指望欧拉操作系统能盈利，大家是希望构建以"欧拉"为基础的操作系统生态，那作为一个服务器操作系统平台，配套自家的鲲鹏芯片是很自然的事情。但是如何配套芯片，这里出现了选择性的分岔口：到底是从产业的角度来看待配套，还是用华为传统的模式来看待配套？特别是熊伟，作为项目的直接负责人，他为此陷入纠结。

配套初步获得成功

为了让整个团队的协作尽快专业起来，熊伟从风河公司找了一批架构师，其中包括自己的老部下；同事郑博从中科红旗公司找了一些自己认识的侧重市场和销售的人，两人慢慢建立起一个 30 多人的团队。加上杭州还有一个团队，凑齐的服务器操作系统的团队就大体分工成两组：北京团队和杭州团队。北京团队更侧重"架构设计"的技术预研和创新；杭州团队发挥老华为人熟悉情况的优势，侧重产品交付。

团队配合的策略是：北京创新团队做完创新或预研后，把东西交给杭州团队，这样就能比较好地兼顾技术创新和商业交付。

这个逻辑听上去挺简单的，但在实际执行中产生了许多意想不到的摩擦：在一个小公司，一个人就可以把一条生产线的控制系统写完，掌控所有的东西，停产期间还有机会去返工调试；但是在华为做软件开发，必须基于一个非常大的平台，基于一套严密的流程，个人必须考虑如何快速地去了解这个平台，把自己负责的这一块儿做好。

个人适应是一方面，为了追求效率，项目周期也常常被压缩到两年甚至一年。为什么是"压缩"到一两年，而不是三四年？因为在华为，你如果真的花足3年时间去做一个项目，可能会感到一些异样。比如华为领导的任期就3年，按照这个项目周期，恰好你手里的大项目还没做出大成绩。也就是在领导任期快满之前，你的项目仅仅做到"布置起来"的程度，你觉得这行得通吗？说得过去吗？换你做领导，对这样的项目你恐怕也爱不起来。很多工作的交付期限都有这些"隐含"的因素。或许只有在华为干的时间比较长的员工，才能领悟到这种状态。

　　于是，在一定的时间范围内，项目在推进过程中不可避免地产生了矛盾：做研发创新的人觉得"我这东西刚做成型就被人拿走了，我的技术积累老是没有办法在一个技术跑道上一直深入跑、深入挖"，而交付团队又觉得"前面有意思的事儿我又没参与，最后出了问题却找我，我怎么老做给别人擦屁股的活儿"。

　　无论是当创新炮灰也好，还是当补窟窿、擦屁股的人也好，这个始终处于"有利有弊"双刃剑状态的团队都必须坚持下去。2015年，北京团队做出了海思芯片的软硬件配套（海思是全球领先的Fabless半导体与器件设计公司），杭州团队把产品交付给云和存储产品线，两个团队边磨合边逐步走向成熟。他们最终也成功地达成目标——鲲鹏芯片做出来了，配套的服务器也做出来了。到了2015年底，鲲鹏配套的操作系统项目顺利通过，结合鲲鹏服务器在华为内部的一些应用场景初步试用成功。做配套的团队也终于有了一点公司战略团队的模样。

磨合到这个阶段，再回过头看团队的变化时会发现，在这样的时间压力、项目压力和磨合压力之下，欧拉操作系统配套鲲鹏的项目在短短几年间，迫使包括项目经理、规划、项目参与人在内的员工换了好几轮血，只有熊伟耐着性子等到了鲲鹏正式上市，等到了欧拉操作系统真正走向外部。

　　这个漫长的等待，非常考验团队的耐力和韧劲，更考验负责人的抗压能力。许多被一路折磨过来的华为高管都会感慨：世界看华为成功的产品线时，只会看到聚光灯的光束辉煌地照亮成功的那一刻，但只要让时光倒回 5 年、10 年，就会看到几拨人"阵亡"的惊心动魄。

西球研究所组建第一个真正成规模的编译器团队

　　说起来，华为做编译器的初衷也很简单：华为已经有了自己的海思半导体芯片，而半导体芯片必须有编译器团队配合，否则芯片上面的相关软件就没法做，因此华为自然而然地把操作系统也考虑进去了。但当时中国工业界做操作系统的公司非常少，要向谁借鉴呢？华为提出"向西看"。

　　对于华为来说，进军操作系统必须基于能为华为带来巨变的、创新型的一流人才。而对于人才的引进和西方公司管理体系的建立，这两件关乎华为根基的事，华为早有准备：他们曾花重金请 IBM、埃森哲这种级别的顾问公司做顾问，在人均工资 5000 元的年代，华为支付给这些公司的顾问费高达一小时 680 美元，规模上一请就是几十家。可以说华为向西方学习的时间已经长达 20 多年，管理经验和观念与西方非常接近。这些习惯也形成了华为研发体系的一个重要特征——全球化。研发全球化是支持华为创新成就和产业地位的重要因素。

　　基于一贯保有的全球视野的研发布局，当时的欧美地区是操作系统人才云集的黄金根据地，华为很自然就能看到，编译器相关的技术高地在欧美地区。所以从 2009 年的六七月份开始，谢桂磊被派驻华为西球研究所，负责编译器、操作系统的团队建设。

在招募人才时，谢桂磊意识到，科技类立项是一件非常困难的事。"立项资源上当然不成问题，国内肯定很支持，关键是立这个项目到底要做什么？"谢桂磊说。要把技术方向描述清楚，他们就必须跟不同的产品线去交流，搞清楚不同产品线面向未来时会产生怎样的不同诉求，借此把技术方向表达清楚。另一个困难是边界。华为在国内也建了编译器团队和操作系统团队，那么西球研究所到底做什么东西是最合适的？国内的团队做什么东西是最合适的？二者的功能要有所区别。

当时西球研究所的运营成本比国内的要高，离国内又远，谢桂磊不可能让西球研究所团队去做非常偏一线交付的事情，他们更适合去构建面向未来的、更长期的技术能力；而那些技术风险、创新性、技术障碍相对不大的工作，适合由国内的偏交付的团队来做。

谢桂磊花了 4 年的时间建这支团队。而被寄予厚望的西球研究所规模始终很小，仅有产品线，没有专职的软件团队，这是因为团队早已经全方位面临美方在相关科技方面的种种管制。

很多人不知道，中美两国或许没有真正的"蜜月期"，尤其是在科技领域，过去虽说一直处于"合作大于对抗"的大时代背景下，但其实美国对科技的管制严格程度超乎常人想象。谢桂磊说他亲自招募的西球研究所技术团队在讨论技术方案时，他竟然都不能参与，因为他不是美国公民，也没有绿卡。更不对等的是，谢桂磊讲自己的"干货"，美国人却可以听。就算后来西球研究所申请技术出口许可证成功，美国的技术专家讨论问题的时候，谢桂磊也要保证自己"听到的内容"是在许可证的许可范围之内的。所以，谢桂磊运作的编译器和操作系统业务团队的建设，要面临类似许可证的管制困扰，加上华为对人才的高标准，华为建立美国团队的招募规模基本做不大。

这一系列管制问题，像是小插曲，却又真切地让人感到工作细节里到处是"严重性"。谢桂磊边招人边时刻自检是否运作合规。

很快，西球研究所团队迎来了第一个编译器专家古月生，他日后成长为华为编译器的首席专家，最终更是成为华为最早的软件 Fellow①。而当时谢桂磊最初想邀请的专家是编译器领域的泰斗级人物高卫国。高卫国名声在外，谢桂磊虽与他素未谋面，但也能凭借公开邮箱轻易地找到他，并向他发出邀约。高卫国在婉拒的同时，把出色的古月生推荐给了西球研究所。

古月生和许多加入西球研究所的华人一样，具有 20 世纪八九十年代初海外华人特有的情怀，他们对这家"在海外开分支机构，还能一起做点事情"的中国公司投射了那种特有的感情。

2009 年 10 月左右，入职西球研究所的古月生和谢桂磊天天讨论"我

---

① Fellow：某个领域的最高级别技术专家。这是华为公司最高技术荣誉头衔，全球统一使用，用以表彰为公司商业成功做出重要贡献，并影响业界发展方向的专业技术人才。

们打算要干什么"。谢桂磊在疲惫之余想到，应该让古月生回国多了解情况，看能否直接拉着国内的团队把项目立起来。古月生在拜访国内跟研发相关的领导前，很务实地问谢桂磊："我是个工程师，不善于做商业包装，我怎么给领导讲我们这个项目，以及我们做的这个事情的价值？"谢桂磊想了想，觉得确实不太好讲，就说："你换个角度，讲讲我们公司有芯片、有业务、有竞争力的诉求，如果我们不做这些事情会失去什么，哪些机会可能会失去，或者哪些东西我们一定做不到。"

一家有理想的中国公司，一群有理想的"科研明星"，他们之间很快相互吸引。中国台湾人王连刚做过 Sun（Sun Microsystems）中国工程院院长，他加入华为后又推荐了因主办弯月论坛而在华人技术圈里名声大噪的陈明博。还有一批做 BSD①、Solaris②、J2EE③的华人和美国人加入了华为。虽然最终整个团队的规模不大，但华为最初的那些版本立项，很多都是在西球研究所的高端专家参与指导下立项成功的。

华为第一个真正成规模的编译器团队也就这样在西球研究所诞生了。

得益于西球研究所这些优秀专家的高效协助，西球研究所在一些关键领域的研发取得了快速突破。但如何更好地发挥西球研究所这群"明白

---

① BSD：Unix 操作系统的衍生系统。
② Solaris：Sun Microsystems 公司研发的计算机操作系统，被认为是 Unix 操作系统的衍生版本之一。
③ J2EE：由 Sun Microsystems 公司领导，多家公司参与共同制定的企业级分布式应用程序开发规范。

人"的优势？华为认为，如果能把西球研究所做到"思想所"的高度，应该更有战略意义。

2011 年，华为建立了外界颇感神秘的"2012 实验室"。

"2012 实验室"是华为最为重要的技术研究与创新中心，专注于前沿技术研究、产品技术竞争力构建和新产业孵化。华为从那时开始，喜欢把业务切成一棵棵"树"，而"土壤"里的"树根"是盘结在一起的。财务系统、人力资源、考核系统等都开始纳入"树"的体系里，"树"的观念也随之延伸到研发业务的规划上。华为在技术领域的设想不仅有"土壤"与"树"的宏观概念，也慢慢萌生了生态危机意识。

据说实验室的名字来自任正非观看电影《2012》后的畅想。任正非认为，未来信息爆炸会像数字洪水一样，华为要想在未来生存发展，就得构造自己的"挪亚方舟"。"2012 实验室"的"方舟"内容就包括新一代通信、云计算、音频视频分析、数据挖掘、机器学习等，研究的都是未来5 ~ 10 年的发展方向。其二级部门包括中央硬件工程学院、海思、研发能力中心、中央软件院。整个实验室设立了 8 个重要的海外研究所。其中，欧洲研究所在全球的研究所中有着极其重要的地位。它是华为两大数学中心之一，拥有 5G 研究的重量级团队。

把视野放在全球范围可以说是华为一贯的价值观，并成了华为真正在行动上养成的习惯。哪里有人才，他们就在哪里设立研发中心，让人才在"家门口工作"，而不是让他们千里迢迢到中国来。

部署芬兰和加拿大滑铁卢研究所，赋能操作系统和智能终端

碍于美国的种种限制，华为为了网罗全球操作系统领域的顶尖人才，逐渐将人才战略延伸到了芬兰。

芬兰——诺基亚公司的大本营。

诺基亚公司的理念一直非常先进，全球智能手机的概念发端于诺基亚公司而不是苹果公司。在苹果公司崛起之前，诺基亚公司在全球手机市场可谓一骑绝尘。它有塞班和 MeeGo 操作系统，有音乐商店，还有地图 Here。欧洲至今都还在用 Here 地图。

但是，随着 iPhone 带来的智能手机浪潮，诺基亚手机逐渐走向式微。2010 年，诺基亚公司正式推出 Symbian^3 系统，也就是塞班 3 系统。当时中国市场采用塞班 3 系统的手机有诺基亚 N8-00、C6-01、C7-00、E7-00、T7-00、500 等机型。但是外界没意识到，诺基亚手机帝国的境况竟然已经无力回天。

2011 年 2 月 11 日下午，诺基亚公司宣布与微软达成全球战略合作伙伴关系，微软全新推出的 Windows Phone 系统将会成为诺基亚公司的主要手机操作系统，诺基亚公司未来将专注于这个系统。2011 年 4 月 20 日，诺基亚公司正式宣布放弃开发 MeeGo 操作系统。他们悲情地推出了第一台也是最后一台使用 MeeGo 操作系统的手机——诺基亚 N9。

曾引领智能手机潮流，做过艰苦卓绝的奋战，投入了重金，期望与苹果手机和安卓手机"三分天下"，但是最终功败垂成的一代手机巨头诺基亚，就此落下帷幕。诺基亚公司汇聚的一大批手机操作系统人才被周围很多科技公司盯上。华为的技术团队中就有人提出建议——收购诺基亚公司的 MeeGo 操作系统团队，诺基亚的团队过来以后可以直接上手做华为自研的操作系统。诺基亚公司和英特尔曾合力打造的 MeeGo 操作系统还可以延伸出两条发展路线：一条是基于 MeeGo 的终端操作系统走自研路线，另一条是基于安卓做优化走高端路线。

垂死的诺基亚公司内部自然也不会消停——塞班团队和 MeeGo 团队闹翻了。MeeGo 团队如果想要对抗"暂时领先"的塞班团队，来个逆袭翻盘，除非内部自我革命，否则难以翻身。华为及时向他们递上了橄榄枝。或许是双方都被那股子可以让人继续"憋着劲儿"想要成功的力量吸引，一时间，MeeGo 团队的核心骨干几乎尽数跑到了华为的芬兰研究所。

向 MeeGo 团队递橄榄枝的不止华为一家。从技术先进性和未来发展演进趋势来看，惠普公司的 HP PrintOS（WebOS）理念也不错，可惜惠普公司本身的开放度不够。当时的三星在推 Bada（三星推出的开源智能手机平台），看到华为的芬兰研究所搞得有声有色，马上就过来门对门地开了一个研究所，跟华为抢人。但华为的诚恳以及对召集人才的迅速反应让它成了这场人才争夺战的赢家。

芬兰研究所的团队就这么"抢时间、抢人、抢地盘"地建立起来了，技术布局也基本完善，接下来要面对的问题就是这支技术队伍怎么去验证其商用性。

团队第一时间排除了市场容量很大的中低端手机，因为这样做不仅会跟谷歌闹翻，还会抢占低价公司的生意。而华为一直欣赏苹果公司的定位：永远卖高价，只有这样才能让低价的公司生存下来。华为绝不能抢了低价公司的生存空间。

2014 年，芬兰研究所决定立两个项目方向：一个是面向未来的智慧化手机，另一个是以安全特性为突破口做细分市场的移动手机。以安全特性为突破口的定位是个非常好的创意，因为越是重要的机构部门，越会为了维护网络安全和用户隐私保护而奋斗。

华为敏锐地观察到，在加拿大的政府公共服务部门，比如警察、企业高管，他们在工作中使用的手机移动终端对安全性要求很高，这个领域的商用市场基本被加拿大的黑莓安全操作系统覆盖。很明显，黑莓公司是整个北美市场中做得最好的，个人隐私保护和整个安全保护在当时的市场上是接受度最高、市场范围最大、技术面的研究最深的公司。

华为也清楚，选择这个领域的商用路线挑战很大。任正非曾说，这就像建一个堤坝，还没有建起来，洪水就漫过去了。怎么在信息快速增长的情况下建立一种网络安全和隐私保护系统，对设备厂家、运营商甚至整个社会来说都是一个不小的挑战。

然而华为又何曾畏惧过这种级别的挑战。很快，李金喜飞去了加拿大，把黑莓公司的董事会成员高级副总裁请进了加拿大的华为团队，让他担任这个团队的首席专家。

加拿大滑铁卢研究所就此建立。

华为对于顶尖人才的投入

华为紧跟技术前沿，始终与最新技术保持步调一致。

当技术领域里出现最前沿、最新的东西时，大家会快速地讨论和分析，研究其将来会有什么样的发展，对华为的产品会有什么样的意义，未来会有什么样的前景，这些探讨都极大地开阔了技术高管们的眼界。此外，华为也尽量制造跟国外交流的机会，除了商业合作，还为国外的一些教授和他们带的学生提供支持，只要他们的研究方向对自身产品和技术有用，华为都会资助或合作，也不管他们拥有的相关技术需求周期长不长，自己能不能马上用。

最前沿的技术，需要一流的人才。

华为首席财务官孟晚舟在华为年度报告发布会上谈及研发投入时曾说："对华为而言，客户的价值优先于股东的利益，研发的投入不受利润的约束，这是我们一贯坚持的做法。华为年收入的10%固定投入研发领域，这一条是写进了华为公司的基本法的。"在此次发布会中，郭平提到人才、科研和创新精神是华为赖以生存发展的三大要素，"华为在任何情况下都会加大对人才，特别是顶尖人才的吸纳和吸引"。

华为对顶尖人才的评价参数是多维度的。比如提拔干部，华为要求干部在非洲等海外艰苦地区工作过，考核标准用的是美国军队对军官的那一套。任正非就曾说，以"上过战场、开过枪、受过伤"来确定干部有没有被提拔的资格，而且海外的成功经验是一个不可跨越的硬性指标，否则海外的人艰苦奋斗回来，让"花前月下"的高素质干部把官职夺走，这绝不是华为想要的结果。这样的循环足以让华为构建一大批坚强的队伍。

而外国专家的价值标准是比较明确的：能够补充国内技术缺失点，或者告诉国内团队这个技术领域的天花板在哪儿。比如华为依托西球研究所建立起来的第一支编译器队伍。以前国内的软件研发和 ICT 产品研发都是使用现成的编译器和数据库，几乎没有研发编译器和数据库的，相应的研发人才在国内更是难觅踪迹。西球研究所用了前后不到半年时间，就组建了一支 20 多人的研发队伍，而且成员几乎是清一色的华人。这支队伍成为华为今天数百人的编译器研发团队的基础。又比如数据库，华为的高斯数据库孵化也来自以色列特拉维夫的研发队伍和西球研究所这两个地方。

王成录在担任中央软件院总裁期间就大规模招聘外国专家。他说："当时那个数据库团队里有个以色列人叫伊利沙，是美国得克萨斯大学奥斯汀分校数据库科班毕业的博士，在 ORACLE（甲骨文公司）和 SAP（思爱普公司）累计工作近 30 年，有非常丰富的数据库研发经验和深厚的技术功底。伊利沙加入数据库团队后，只用了两三年的时间，就把我们的数据研发快速地带动了起来，第一个分布式结构化数据库 MPPDB 就在华为存储产品上规模商用了。这些国外专家的核心价值是补齐我们技术的缺口。"

在"欧拉"的发展历史上，李瑞联也是一位跳不过去的重要人物。这位在中国香港出生长大，毕业于麻省理工学院的华人，在 1980 年与几个同学为中国计算机界培养了最早的一批人才，那批人总共不过 200 位。2006 年，他有机会再回到中国，建立风河公司在中国的研发中心；发展到 2009 年时，风河中国研发中心的工程师数量差不多占公司全球工程师数量的一半。他很自豪自己是第一个在中国建立 RTOS 方面世界级团队的人。

研发投入是评估一家企业经济和创新绩效的关键指标之一。2021 年 12 月 17 日，欧盟委员会发布《2021 年欧盟工业研发投资记分牌》（*The 2021 EU Industrial R&D Investment Scoreboard*），该报告统计了 2020 年度全球研发投入最多的 2500 家公司公布的经营数据。美国有 779 家公司入榜（占总研发投入的 37.8%），与 2020 年基本持平，继续保持全球研发投入公司数量第一大国地位。谷歌的母公司 Alphabet（位列第一）、微软（位列第三）、苹果（位列第五）、Facebook（位列第六）和英特尔（位列第九）这五大科技巨头位列美国公司的前五位，与 2019 年相当。中国入榜的公司有 597 家（占总研发投入的 15.5%），这一数据较 2019 年增长了 61 家，表明中国公司的研发投入还在持续增加。华为的排名超过微软，仅排在谷歌的母公司 Alphabet 之后，位列第二，持续赶超三星和苹果的研发投入。2022 年 3 月 28 日，华为在深圳发布 2021 年年度报告。报告显示，2021年华为的研发投入高达1427亿元，占全年收入的22.4%。2011年至2021年，华为累计投入的研发费用超过8450亿元，从事研发的人员约10.7万名，约占公司总人数的54.8%。

随着全球专家的不断加入，尤其是中外的交流活动越来越多，欧拉操作系统的研发队伍以及业务的定位，也随之发生了巨大变化。但很多稳定的交流与赞助项目在美国对华为实施制裁以后都被叫停了，尤其是在美国的项目，但华为并未停止对其他地区的研究资助。

第四章

欧拉操作系统随着需求不断成长

国内外操作系统的环境落差

关于操作系统的重要性，可以听听 Linux 之父林纳斯·托瓦兹（Linus Torvalds）的讲述："操作系统是计算机所有功能的基础。而创造一个操作系统则是最终的挑战。创造操作系统，就是去创造一个所有应用程序赖以运行的基础环境，从根本上来说，就是在制定规则：什么可以接受，什么可以做，什么不可以做。事实上，所有的程序都是在制定规则，只不过操作系统是在制定最根本的规则。创造操作系统就像在为你创造的这片土地制定宪法，而在电脑上运行的其他程序则是宪法允许的普通法律。"

在 ICT 领域，华为提供了服务器、存储、云服务、边缘计算、基站、路由器、工业控制等产品和解决方案，这些业务都需要搭载操作系统。给单个产品做配套，并不能最大限度地体现操作系统的价值。

2012 年，华为成立手机终端操作系统开发部，开始规划自主研发手机操作系统，同时启动软件开源策略，成立开源软件能力中心。

欧拉部随之确立更明晰的方向：未来应该走通用系统的道路，这样仅需较少的人力就能提供使用更广泛的产品，对于整个部门的价值也比较大。而底层操作系统全场景融合的技术创新，会给上层应用层创新带来无限可能。通过这种带动方式做出来的技术，才会形成一个有竞争力的创新生态。

担任"2012 实验室"欧拉操作系统负责人的郑忠源最初就是奔着可以做操作系统的目标进入华为的。在此之前，他所在的中科红旗一直是国内 Linux 的老大，如同中国操作系统界中的"黄埔军校"一样，为中国后期做 Linux 的公司输送了大量的人才。所以，郑忠源对于国内外操作系统的研发环境差异有着极为深刻的体会。

据他回忆，2005 年，北京市科学技术委员会曾把几家北京开源软件厂商拉到一年一度的 Linux World 大会上，大家合租了个还算不小的展位。郑忠源在大会上遇到了美国著名软件公司 Adobe 的一个产品经理，就问他们做 x 软件（Adobe 公司的重要产品）的 Linux 版为什么用 GTK？当时 Linux 在桌面开发上使用的图形库主要分为 GTK（使用 C 语言开发）和 Qt（使用 C++ 开发）两派。在 Windows 上做图形界面用 Qt 显然更方便，中科红旗当时用的就是 Qt。没想到对方竟然回答：没什么特别的，就几个工程师坐在一起聊了一下，有人说用 GTK，就用 GTK 了。

"当时我想，原来这么大的公司做一些技术决策，也会用这么随意的方式。"郑忠源说，"那个时候，整个国内跟国外的开源社区交流都不是特别多，大家基本上局限于通过电子邮件发一些补丁。交流少有几方面的原因，一个是当时国内的工作大多局限在跟中文有关系的东西上，如输入法和显示；另一个是当时国内技术水平跟国外的差距要比现在大。所以，那时中国与国际开源社区的沟通意识和能力跟现在比应该说是有一个比较大的落差。"

那个时期中科红旗也参与政府组织的技术攻关。因为政府也很有远见，连续搞了几年的"扬帆"和"启航"工程，对北京做操作系统和办公软件的厂商予以支持，同时还支持北京市其他应用软件厂商，将它们原来做得比较成功的软件往 Linux 操作系统上移植，以解决应用生态的问题。得益于对市场敏锐的嗅觉和政府的支持，当时的北京汇聚了国内最多的开源软件企业，相比其他城市算是"先进"了许多，这些项目对这类公司度过拓荒期、建立用户试点很有帮助，对企业培养人才队伍也起到了很大的作用。可历史进程无法就此加快，外围条件实在是不够成熟，不论操作系统、办公软件还是当时的生态，行业整体的成熟度离能用、好用还有很大的距离，业界对它的支持程度还远远不够。

整个中科红旗的历史堪称是国内做开源软件拓荒的历史缩影，郑忠源常常需要出去跟客户宣传，做很多普及性的工作，告诉大家什么是 Linux，什么是开源软件，为什么开源软件是一个非常好的东西。在这个过程当中，他接触到各种各样的客户，包括党政机关、金融机构、交通部门、媒体、制造企业等，了解他们的各种需求，然后把这些需求反馈回来，再去改进产品，就这样一步一步从最开始有很多 bug（计算机程序中的错误）到逐渐完善，一直到最后能在非常大的企业的关键业务领域里面支撑整个业务的运行。"我们曾给一个单位做系统迁移，对方用了一种便宜的 Windows 激光打印机，那个打印机没有 Linux 驱动。如果为了支持他们的打印机去改软件，工作量和成本都有点高，还不如帮他们买一台能够支持 Linux 打印的设备，也就一两千块钱的成本，比改软件还要省一些。"

这些在中科红旗的工作经历，让郑忠源有两个重要的收获，一是产品本身的技术推进，二是从客户的实际需求出发，将需求跟产品结合。

"以客户为中心"也是华为制胜的不二法门，从华为轮值董事长徐直军逐字审定并作序推荐的华为高级管理研讨教材《为客户服务是华为存在的唯一理由》中便能看出其重要性。

所有上层解决方案软件的一个底座

2012 年 2 月 26 日，华为在巴塞罗那 2012 世界移动通信大会上发布了第一款搭载自研的四核移动中央处理器 K3V2 的手机"Ascend D quad"，华为也因此成为国内第一家推出自研手机移动中央处理器的手机厂商。该处理器由华为旗下子公司海思研发，也是至今封装最小的四核处理器。这对于打破高通、德州仪器以及英伟达对手机 CPU（中央处理器）的垄断具有重要意义。华为也明确了操作系统的构建策略——推动 ARM 生态构建。

在手机行业竞争激烈的中国，当时华为手机用 ARM 芯片的体验并不好。据说华为手机的第一个版本出来的时候，任正非直接把手机甩在某副总脸上，怒道："这是什么呀！"不知道这桥段有没有夸张的成分，但是关于华为第一款手机出炉后被老板抨击的各种故事版本，在外界传得沸沸扬扬。第一个版本的失败是铁板钉钉了，连华为内部的人在私下交流时都说"体验做得确实不好，各种卡顿……尤其是拿苹果手机比，我们华为的差得太远了"。

第一款 K3V2 有多失败，后续改进的速度就有多快，第三年新的版本开始不断收获赞誉。

随着华为内部对 ARM 芯片的逐步使用，欧拉操作系统开始真正以产品化的方式不断滚动往前开发。

和 ARM 芯片体验同样不太好的还有操作系统。在此之前，华为所有重要的通信产品用的都是风河的 VxWorks 操作系统。当时风河算是全球最大的嵌入式操作系统公司。华为自主设计了一个 DSP（简易的嵌入式操作系统），希望风河做一个 VxWorks 的 DSP 版本。风河总部觉得不划算，因为只有华为一个客户提出这个需求，所以不肯为此单开一个新产品线。这倒逼着华为自己做 DSP 的实时操作系统。欧拉部一鼓作气发展了好几个不同的 DSP 实时操作系统，团队只需在此基础上做一点修改，就能用来做手机里面的 TEEOS。此后开源的 LiteOS 基本上也用华为自己的实时操作系统。在欧拉部第二任部长李瑞联的带领下，华为很快将所有重要产品线的新一代产品从风河的 VxWorks 操作系统转到欧拉操作系统上，过程意想不到的顺利。

到了 2014 年，欧拉操作系统的首个商用版本 EulerOS 1.x 系列发布，并首次在华为内部的 ICT 产品上规模化商用，主要应用于存储产品、无线控制器、CloudEdge 等。

这时候的欧拉团队已经有意识地把公司所有的能力需求进行相关的整合，并且与基层数据库一起打包共建。整合后的基础能力在面向不同产品的差异化时，能够给不同产品做适配，还能做成整体的设备或者解决方案，最终还可以给客户做一次相关的销售。所以，当时的欧拉操作系统并不追求变现，它真正承担的历史使命和价值是做所有上层解决方案软件的一个底座。

这个底座随着"内涵"的增强，"外貌"也发生了变化：欧拉操作系统一直是华为的内部称呼，没有确定的中文名，直到它逐渐在公司内部的云产品及 ICT 产品上进行规模化使用，又在 2015 年扩大到可以正式提供给服务器产品线，华为才注册了 EulerOS 这个操作系统的商标。

加强软件力量，同源规划，同源开发

2013 年华为手机 P6 上市，公司的终端销售开始快速攀升。虽然华为的硬件能力得到进一步的验证，但软件问题还是非常多，使用体验并不好。华为终端业务的管理团队希望中央软件院出面，帮忙解决终端软件的各种疑难杂症。

中央软件院有一支专门为 CBG（华为消费者业务部门）终端软件做技术支持的队伍，主管是李金喜。但这支团队给终端软件提供的支持还是偏应用和框架层，涉及底层的很少，获取真正的技术突破的事儿几乎没有，持续竞争力构建就更不必谈了。所以当消费者在体验过程中遇到问题时，李金喜团队很难判断问题到底出在哪里，更不知道要如何修改。就算辛辛苦苦地做了不少修补工作，最终出来的产品效果还是一般，而且几乎没有可继承性。

为了牵引团队往"根技术"上扎，王成录问了李金喜团队一个问题：消费者购买苹果笔记本电脑，如果用苹果的操作系统，系统体验就很流畅，可为何一旦将苹果操作系统换成 Windows 的，明明还是同一台电脑，系统的性能和流畅性体验就明显不如苹果的操作系统？为什么同样的硬件，换了不同的操作系统，体验就有如此明显的差距？还有苹果手机用的硬件、处理器和安卓手机用的没有大的差别，苹果手机的 RAM（随机存取存储器）比安卓手机的还小得多，但其系统体验，尤其是系统的性能和流畅度，却明显好于安卓手机，这又是为什么？他们得出结论——这说明我们的软件有很大的改进空间。王成录通过这些问题，启发团队思考，让他们不断往底层技术探索，从根本上改进软件，而不是在应用层不断浪费人力去修修补补。

其实，当时华为遇到的安卓手机的体验问题，几乎是所有安卓手机本身的通病。即使是当时做得最好的三星，其 Note 旗舰机也是如此。王成录说他曾经购买的 Note 旗舰机使用不到半年就卡顿到无法使用了。

王成录想到，那时候的三星手机是安卓"机皇"，所以谷歌的安卓团队在规划每一代新的安卓版本的时候，都会先找三星商量，问三星有什么需求，还会把需求规划到安卓新版本里。华为的待遇可就没那么好了，每次想改点什么东西，若得不到谷歌的同意，就根本改不了。

谷歌的 AOSP（安卓开放源代码项目）名义上是开源的，实际执行时却是闭源的，完全由谷歌自己说了算。由于做安卓开发的谷歌工程师不直接做面对消费者的产品，所以创新也好、修改也好，与 OEM（原始设备制造商，俗称代工）总是消除不了理解上的差距，华为与他们沟通起来着实不容易，尤其是 OEM 的份额和影响力都不够的时候，更是如此。

为了让自己的创新和修改能被谷歌接纳，王成录做了大量的沟通工作。他每年和谷歌以及 OEM 在美国谷歌总部和中国香港各展开一次大规模的沟通会，电话会议更是频繁地开，一切都是为了说服谷歌技术人员，让华为的创新和修改能够持续走下去。

2015 年国庆节后，王成录正式到华为 CBG 报到，并开始规划 EMUI 5.0，深入以后才发现其终端软件比华为大平台的软件以及电信运营商的软件都要复杂。电信运营商的硬件平台基本上是 5 年一个周期，也就是切换一个硬件后用 5 年基本不会有问题，标准周期也能有个 3～5 年。相比之下，终端最大的麻烦就是每年不仅要升级硬件平台，同时还要升级软件平台。这对研发人员来说极具挑战性。

而且大部分的终端都有一个很大的痛点，就是海思交付的芯片和底层软件，无法和终端交付的软件顺畅地整合在一起。王成录等人不断地讨论分析，最后决定把海思、谷歌以及中央软件院的交付一起同源规划，同源开发，用一个统一的解决方案来交付。

软硬件同源规划不仅仅为了性能优化，还为了提升兼容性。软件开发人员需要深入了解硬件平台的构造，以确保软件在不同的硬件环境下顺畅运行。

王成录决定在具体软件交付的同时做"共主干"的规划。但事情进行得不太顺利。因为在王成录来之前，CBG 的每个产品都有一个软件部，大家各做各的，无法共享和彼此拉通，一旦遇到多个产品线之间共通的问题，解决起来就很有挑战性，比如第一产品线的手机音量键按到最底下是

"静音"状态，第二产品线的手机音量键按到最底下是"音量最小"，不是静音，而第三产品线做成了音量键按到最底下会变成"振动"……可想而知，产品发到市场上后，不同产品线之间的产品在消费者界面的体验有多么混乱。王成录便把这些部门合并为操作系统部和基础 ROM 部，让所有部门的软件研发活动在一条主干代码上进行。若有产品需要发布商用版本，就从主干取代码，叠加少部分产品独有的特性，就可以用于商用发布。发布完的分支，还能在最短时间内回合到主干。

看上去非常合理的规划，在执行过程中遇到的阻力却意想不到的大。因为原本各个产品线是自己管自己的软件，做东西也好，下需求也好，速度都非常快；统一了以后，这些灵活、快速的优势都被挡住了，大家的进度都变得缓慢。

但全新 EMUI 5.0 的优质推翻了一切的质疑和不满，很多用户在使用了 EMUI 5.0 后都惊呼"跟换了一台新机器一样"。它的优质性能证明：只有让软件往底层扎"根"，从系统基础的底层解决问题，才能把体验做好。EMUI 5.0 让大家第一次感受到了真正把软件做好的威力。

EMUI 5.0 真正奠定了基础软件在 CBG 的地位，为后续持续提升产品的体验提供了源源不断的硬核竞争力。之后，由于华为的产品和终端做得越来越好，谷歌终于在安卓新版本规划之前也跑来跟华为提前沟通需求。

2018 年，任正非担心消费者这块业务增长过快，会有大的风险。王连刚作为软件部门的负责人，给任正非做了 3 小时的汇报，系统阐述了基础软件在产品中的地位和重要性，以及如何做好基础软件的整体思考。

由于任正非平时老讲"桃子树上结西瓜"，所以王成录用同样通俗易懂的"老板语言"风格说："咱们的西瓜现在长在别人的树上是有问题的，我们要有自己的树，要把树根扎在自己的土地上。"华为要做自己的操作系统，技术上就要把操作系统全栈贯通。像华为这样的平台型的国际大企业，其根基必须掌握在自己的手里。

操作系统项目的重要性，上上下下都能看清楚了，是时候将其从软件部门的内部项目跃升为公司级的项目了。

最好的状态是"工程商人"

华为一直强调"工程商人"，让技术研究人员要有"工程商人"的理念：你首先是个工程师，但不能忘了自己还是个商人，所以既要保持技术驱动的敏感性，又要确保技术落地的可行性。

市场驱动和技术驱动双双兼顾，华为将其称为"双轮驱动"。

以客户为中心的市场驱动，华为一直做得很好，所以技术团队的注意力常常放在强化技术驱动的思考上。

李金喜就不断为终端做各种技术畅想："现在的智能手机都是触控式操作，这个操作方式就是当代智能手机核心的输入和体验模式，基本上跟触控这个动作是强相关的，那我们能不能研究未来下一代手机的新输入模式和新体验方式？当时中国电力有'胖终端'和'瘦终端'的概念，我们的计算机、便携机是一个胖终端。激进一点想，我们在手机侧能不能做成一个瘦终端呢？手机无非就两个功能，第一能从接入到输入，第二能从观察到输出。有没有可能输入是语音的，未来输出就是个 VR 眼镜或者类似 VR 眼镜的东西？那时候操作系统或者终端侧就变成一个非常薄的东西了。"李金喜觉得这要是实现了，就相当于把整个手机产业给颠覆掉了。

当时他们自己规划完，就兴致勃勃地去汇报，得到的却是劈头盖脸的一顿痛批：华为当下有这种颠覆手机产业的能力吗？就算技术趋势是对的，部分技术也确实被使用了，从商业角度来看也太遥远了吧？

李金喜说："强化技术驱动的思考以后会发现一些弊端，就是你在跟产品线对话的时候会出现很多分歧。产品线对一些超前研究不太认可，说你们这帮人净天马行空，拿我们华为的利润去消耗，不好好做事，不好好来赚钱。"

想要二者兼顾，华为还给出了一个方案，叫"沿途下蛋"，意思就是你的技术必须在短、中、长期规划出批次落地的节奏，要有产品线帮你买单。这些倒逼机制让技术研究团队的研究节奏真正跟产品线的发布节奏匹配起来，逼迫研究人员必须拿捏商业和技术研究之间的平衡。

作为一个商业公司，华为对研发部门投入巨大，像"欧拉"这样的基础设施级别的项目，投入规模估计不会低于 20 亿美元。巨量资金"养护"着的欧拉团队也得"沿途下蛋"，大家一方面觉得自己才能过人，总要好好发挥一下，另一方面又天天处在资不抵债的压力中，内心的焦虑可想而知。

当然"工程商人"不仅仅是华为的特色，所有在科技巨头公司做科技开发的人可能都有这个"潜在的使命"，在获得商业成功之前都会备受煎熬。被外界誉为互联网"黄埔军校"的微软研究院在研发超前技术时也是如此。华为与微软双方人才流动频繁，大家凑一块吃饭聊天，谈笑间就会发现：哦，原来我们两家搞研究的压力一样大，微软研究院也要考虑"沿途下蛋"，把成果落到产品线里。

最近现象级大火的 ChatGPT 把微软送上前所未有的热搜高度。若真如外界所言，微软向外投 100 个亿就获得了 ChatGPT 这样世界级巨大效应的产出，那么相比之下，微软对自家研究院的投入又岂止百亿？获得成倍资金支持的微软研究院科研人员，尤其是在视觉、语音领域攻关人工智能的专家们，估计做梦也没想到人工智能会从文本层面率先实现突破。不难想象，当别人获得巨大的成功时，他们会产生"比别人跑得慢"的挫败感，或许还有"跑错了方向"的自我怀疑，内心的"不可承受之重"，应该是所有前沿科技开拓者都能感同身受的。

或许是习惯了这样的压力，欧拉团队完全能够用平和的心态去看待它，内心也接受"科研与商业并举"的当代工程师文化。

压力之下，华为也真的倒逼出一些不错的创意。

华为操作系统的团队曾经为谷歌的安卓系统做优化，用"拉抽屉"的办法"沿途下蛋"：从安卓的功能模块中取出一块，把它做得更优质后再放进去，动作和拉抽屉一样，不断地把研究成果放到应用中去。

"沿途下蛋"直接促进华为向下的"根系"扎得越来越稳固，向上探寻与高精尖企业合作的枝蔓也越发多样繁盛。到 2014 年、2015 年时，华为就变成了谷歌核心的合作伙伴。做核心合作伙伴意味着产品已经进入绝对的主流，谷歌在做安卓的下一个版本时会提前半年将新版本给核心伙伴们使用，等半年后真正发布新版本时，核心伙伴的产品已经可以和安卓新版本匹配得很好了。华为 Mate7 手机就是最好的例证。2014 年，Mate7 在续航能力、流畅度、基本照相能力等方面都取得了突破，并以每年 50% 的增量让谷歌亲眼见证了华为无缝对接商业的能力。

在华为之前，安卓的核心伙伴只有三星和 HTC（宏达国际电子股份有限公司）。华为与安卓的关系能如此快速地升温，不仅是因为华为不断带给安卓惊喜和贡献，更是因为华为能在商业竞争格局上，为谷歌大大地增加与苹果对抗的筹码。

手机领域的商业落地，为华为带来了可观的收益。2016 年李金喜回国，从单独做"鸿蒙"到兼顾"欧拉"，接手的两个项目都是重量级的"备胎"项目，这两大基础设施的技术如何落实到手机中持续"沿途下蛋"，已然成为他和团队一睁眼就要习惯性思考的问题。

李金喜的终端队伍规模不大，手机类型也控制得相当精简，团队只聚焦在几个旗舰机型上，并把这些聚焦的技术能力做到极致。李金喜必须用这样的市场策略来平衡科研和商业。

第五章

ARM 生态——从移动端走向服务器

ARM 芯片改写芯片行业的游戏规则

芯片这个历经了半个多世纪历史的老行业，早已经有英特尔、三星等长期垄断芯片架构、芯片设计、芯片制造等全流程、一体化的超级巨头。巨头们除了财大气粗，更重要的是有能力将自己设计的芯片在自有的晶圆厂进行生产，自己完成芯片测试与封装——全能而且无可匹敌。后来者要想脱颖而出，也得是全流程、一体化地超越，难度非常大。

近年来美国对华发动的科技战，将芯片推上了高科技行业的风口浪尖，使之一下子成为大国科技竞赛的最大风口，也让芯片巨头多年来累积的成果，成为中国难以在短期内翻越的高墙。

发轫于 20 世纪 70 年代、爆发于 20 世纪 80 年代、全球崛起于 20 世纪 90 年代的 PC 革命，奠定了英特尔 X86 架构神话般的主导地位。1978 年，ARM 公司的前身 CPU（Cambridge Processor Unit，剑桥处理器单元）公司在英国剑桥诞生。CPU 公司成立之后，主要从事电子设备设计和制造的业务。他们接到的第一份订单是制造赌博机的微控制器系统。1979

年，在经营逐渐进入轨道之后，CPU 公司将名字改为 Acorn Computer Ltd（橡果电脑公司）。有一个有趣的说法，说公司名之所以叫 Acorn，就是因为团队想让公司在电话黄页里排在苹果（Apple）公司前面。早期的 Acorn 也自己做芯片，比如大名鼎鼎的 ARM（Acorn RISC Machine）芯片（这是芯片名字而非后来的公司名字）。1990 年，Acorn 为了和苹果公司合作，专门成立了一家公司，也就是现在大家所熟知的 ARM 公司，主要出售芯片设计技术的版权。可以说，整个 20 世纪 90 年代，ARM 公司并不起眼，没有什么特别出众的业绩。

芯片行业属于典型的资本密集型行业。20 世纪 90 年代的 ARM 公司，资金短缺，影响力有限。这种资金和资源的困顿，迫使 ARM 公司做出了具有深远意义的决定：自己不制造芯片，只将芯片的设计方案授权给其他公司生产，这就是所谓的"Partnership（合作伙伴）"开放模式。这种将生产制造开放给市场的创新模式，和台积电（台湾积体电路制造股份有限公司）一起，最终改写了整个芯片行业的游戏规则。而在当时，独立的半导体设计公司还未出现，这一举措是不可想象的。

得益于这一创新模式，ARM 公司于 2001 年推出的系列架构授权超过 100 家公司，芯片出货量达 50 亿颗。此后，随着苹果智能手机的热销以及众多安卓厂商的支持，其销量一路走高。凭借性能高、成本低和能耗省的特点，ARM 架构在智能手机、平板电脑、嵌入式控制、多媒体数字等处理器领域碾压 X86 架构，占据了数字时代的主导地位，重构了全球半导体产业的基本格局，让一直在高科技领域黯然失色的英国焕发出夺目的光彩，代工的台积电市值也跟着水涨船高。

纵观全球的芯片发展历史，在 PC 时期，基于 X86 架构的"Wintel"体系独领风骚；在移动终端时期，基于 ARM 架构的"AA"体系又引领全球。如今，全世界超过 95% 的智能手机和平板电脑都采用 ARM 架构。随着数字时代的到来，会不会出现新的主流 CPU 架构格局呢？

已经垄断智能手机领域的 ARM 架构以及常年神话般存在的 X86 架构都无法再坐享其成。2016 年，RISC-V 架构横空出世，以指令集开源为理念，迅速吸引了众多厂商的关注。

答案不言而喻。

可以预计，在智能互联时期，主流 CPU 架构格局会随之发生变化。因为越开放，越有力量，这是数字时代无法抗拒的基本规律。

"欧拉"要部署于哪些形态设备，要覆盖哪些应用场景，生态要长在哪些芯片架构上，这些因素都影响着"欧拉"前进的方向。尤其是芯片架构。CPU 架构是芯片产业链和芯片生态的龙头。CPU 架构不仅决定了CPU 芯片本身的性能，还在很大程度上引领了整个芯片产业及其生态的发展，尤其是对设计人才的培养、设计工具（EDA）、芯片 IP 库、芯片应用等方面有重大影响。此外，芯片的架构也影响到芯片的生产、测试、封装等环节。所以，这个弯道超车的机遇，华为必须抓住。

进军 ARM 服务器后，再次扎根探底

　　与 ARM 芯片不同的是，ARM 生态在服务器市场曾一直被英特尔 X86 碾压，这一事实众所周知。直到 2012 年，大家对于 ARM 服务器能不能做成，更多的还是抱着尝试和观望的态度。

　　到了 2014 年左右，当嘉协达（Calxeda）公司向百度公司交付完第一批 ARM 服务器后不久，在谈第二批合作的过程中突然破产。做得更晚的高通还没来得及对外发布自己已经成功研发的服务器，就突然被迫放弃整个产品线。在这种氛围下，谁敢乐观地说 ARM 服务器能做成？只有红帽和美国超威半导体（AMD）公司的几个相关工程师还在咬牙推动项目往前走。

　　而暂时赢得战场的"老江湖"英特尔，内部也对 ARM 生态心存忧虑。因为相比于 PC 市场，服务器市场是一个高利润市场，也是英特尔最重要的"护栏"。服务器领域一直是 X86 挫败其他芯片架构的关键领域，也是展现 X86 技术能力和计算优势的关键所在。ARM 架构进军服务器市场，当然直接冲击了 X86 架构霸主英特尔的心脏。再看到英特尔每天关注

Linaro 社区，总让人禁不住猜想，英特尔的内心深处可能希望 ARM 服务器功败垂成。

就在两大巨头对峙之际，华为已经在运营商市场悄然确立了全球的引领地位。虽然华为的手机业务还要过一段时间才能爆发，但是华为整体的发展势头有强劲的"脉搏"，对于新兴方向的雄心壮志不断被激发。

2013 年，华为海思方面考虑除了开发通信领域的 ARM 芯片外，还计划进军 ARM 服务器市场。当时 ARM 服务器领域的厂商并不是太多，也就是 ARM 公司、华为公司，还有 Marvell（美满电子科技有限公司）这几个主流厂商。ARM 针对虚拟化的硬件有特殊的扩展能力，且这种能力不输于英特尔，所以华为要尽量通过软件把自己的硬件优势发挥出来。

在志在必得的干劲下，作为"外来者"的华为，一下子成了 ARM 服务器领域最积极的主流厂商。

2014 年华为正式开始启动 ARM 生态战略，服务器操作系统就成了华为一个很重要的抓手，操作系统的地位再度攀升。

然而各巨头的高管，尤其是英特尔公司的人还对此不以为意，他们在私下交流时都觉得华为做 ARM 服务器不会成功。他们完全看不出华为"需要多少年"才能将 ARM 服务器做到"可用的水平"。要知道，在华为还停留在对 ARM 服务器进行探索的阶段时，其他同期做 ARM 服务器的竞争对手们正在一个个"死去"：嘉协达很早就因资金链断裂而破产；

AMD 做的小板子 [1] 曾有过起色，但最后 AMD 还是不搞了；高通也不再投入；中国的华信通也放弃了。在做 ARM 服务器如此黑暗的时刻，华为凭什么能逆袭成功？

然而各路人马低估了华为的能力。这些年，华为通过 Linux Kernel 社区与 AMD、红帽保持合作，研发的步伐虽然缓慢，但是从未停歇，一步步推动 ARM 服务器相关技术走向成熟。

在做 ARM 服务器的过程中，华为巧妙地借鉴了其在手机领域的优势。这个优势如同干部管理能力，华为叫它"big little（大小核方案）"。方案的原理是：手机上有一个小的 MCU（微处理器），可以在超低功耗的情况下处理事件管理。以前的智能手机传感器一旦触发一个事件就会通知 CPU，CPU 马上会被唤醒，并命令打开屏幕，或者触发后通知 CPU 做处理，这导致 CPU 频繁被唤醒，能耗过大。实际上并不是每件事都需要唤醒 CPU，所以华为在手机里面设计了一个小型 MCU，归集小核，那些有必要唤醒 CPU 的事件，就通过这里面的一个关联小核去管理。华为的 Mate7 手机能效比做得非常好，就跟这些指令集和信息知识掌握得好相关。

尽管当时华为的单核 ARM 无法与 X86 相媲美，但这种分布式的大小核方案，却能发挥极佳的能耗管理能力。

再进一步深入研究，华为又发现 ARM 的 IP 多种多样，支持基于

---

① 小板子：计算机行业把主板叫作板子，主板里有小板子。

ARM 解决方案的芯片和软件体系也异常庞大，如果要继续优化 ARM 服务器，下一步该怎么做？

已经有"软硬一体化"概念的华为开始注意到，开源社区能为 ARM 生态带来丰富的开发者社区和技术生态系统。在开源社区中，有大量的开发者贡献着自己的代码和经验，形成了一个庞大的社区网络。这些开发者在 ARM 生态中不断创新和改进，为 ARM 架构带来了各种创意和解决方案。开源社区还为开发者提供了丰富的文档、教程和讨论平台，使得技术交流更加便捷和高效。

Linux Kernel 就此进入华为的视线。

作为一个庞大的开源项目，Linux Kernel 在全球范围内聚集了众多开发者和贡献者，他们致力于改进和优化操作系统内核。加入 Linux Kernel 社区，意味着华为可以参与其中，与其他顶尖技术专家共同努力，推动 ARM 服务器的进一步发展。

Linux Kernel 社区——开源文化的启蒙

整个 20 世纪 70 年代，开源就是"免费软件"的代名词，这些开发爱好者奉行的信条是：把软件免费送给别人用。所以开源的江湖地位非常边缘。

关于其边缘化程度，还流传出一则趣闻，说是伯克利的一个嬉皮士有条名叫 BIFF 的狗，每次邮差来送信时，它都会冲到门前大叫，恰巧有个围绕 Linux/Unix 的命令行工具，能够让用户在新邮件到达时收到消息提示，所以这个重要的命令行工具被随口命名为 BIFF。

到了 20 世纪 90 年代，互联网的兴起让合作开发和交换代码变得越来越方便。1991 年，一位名叫林纳斯·托瓦兹的芬兰大学生在寻找一种自由开放的操作系统内核时，开始着手开发 Linux 内核。这个小小的开始，成了一场技术革命的催化剂。

随着 Linux 内核的不断演进，林纳斯在 1991 年创建了 Linux Kernel 社区。这个社区成为开源协作的圣殿，会聚了来自世界各地的开发者和贡献者。他们不分国界、肤色和身份，只为共同打造一个开源、高效、稳定的操作系统内核。

直到有一天，云计算也允许各种开源的 SaaS（软件即服务部署模式）来提供服务，反正用户也不知道表层之下运行的软件是开源的还是有专利的。这一变化立刻吸引了资本的关注，他们嗅到了开源的经济和战略价值。

2008 年，瑞典的 MySQL AB 公司开发的 MySQL（开源的关系型数据库管理系统）以 10 亿美元的价格被收购，这个数字在很多年里成了开源价值的天花板。2008 年前后，全球差不多有 3/4 的开源公司拿到了融资，资本"开光"了开源，开源也在这一时期进入了它的高光时刻。

近几年，Cloudera、MongoDB、MuleSoft、Elastic 和 GitHub 等公司都以几十亿美元的高价 IPO（首次公开募股）或兼并收购。到了 2019 年，红帽以 340 亿美元的价格把自己卖给了 IBM。开源价值的天花板在不断突破。

开源的历史，开源的繁荣，无一不在强调开源的成功源于技术和商业创新的良性循环。而开源的力量不仅在于共享技术，还在于不断推动技术和商业发展的良好互动。

开源因此慢慢渗透进工程师文化。有一本名为《大教堂与集市》的著作，讲到软件开发有两种模式：一种是像微软这样的大公司，它的开发模式是教堂式的，很有秩序，如同教皇底下有许多神父、牧师，有一套很严格的体系和流程，这个模式如同少数能工巧匠一起构建一个宏伟的宫殿；还有一种叫集市，是自由的社区开发模式，如赶集一样，你想去就去，不想去就不去，是一种由大家的随机行为形成的开发方式，它一样可以建造出宏伟的宫殿。

为何两种方式都能建成宏伟的宫殿呢？因为开源实际上有很强的原则性的属性——你不能歧视某一个人或者某个团体，不应该歧视某一种场景，或者不应该专门用于某一个产品，等等。开源社区有很多这样的原则性的属性，来保证大家能做自己想做的事情。

这两种方式似乎代表了两种文化。但真正的开源软件和开源社区并非这般简单。开源社区里面的工程师完全可以凭借自己的职业便利，把自己喜欢的东西放进开源社区。而人得吃饭，且拿人手短，几乎所有玩社区的人背后，都代表他所在公司的利益，相当于大公司投了很多钱去支撑社区，让员工专门在社区里边玩，目的是希望自家的员工能牵引社区朝着符合自家公司未来商业利益的方向发展。这样的大公司不是一家，而是"大量"。

所以从本质上讲，开源社区和商业软件社区并不能被视为一种单纯的工程师文化或者亚文化。它们的背后，起主导作用的是商业公司，只不过人们看到的是一个个在社区里做贡献的、互不相干的人。

随着时间的推移，Linux Kernel 社区经历了无数次的变革和挑战。它不断吸纳新的技术和创新，适应不断变化的计算需求。从桌面操作系统到服务器、移动设备、物联网和云计算，社区始终采取民主的方式来决定内核的发展方向。通过邮件列表、代码审查和开发者会议，社区成员进行着激烈的讨论和辩论，最终形成共识——这种开放、透明的决策过程，让所有的开发者着迷。

但是，到 2012 年时，国内还没有一家公司的 Linux 开发团队在整个 Linux Kernel 社区里面是有公司级别影响力的。胡欣蔚等人就想到，应该在 Linux Kernel 社区里面树立起华为公司的影响力，并支持好公司芯片、产品的长期演进。

深度参与 Linaro 开源社区，华为开源文化的真正开端

华为虽然加入了 Linux Kernel 社区，但在加入社区最初的一段时间里几乎没有贡献，整个公司只是偶尔会有人往 Linux 内核里面添一两个补丁，华为在 Linux Kernel 社区里面完全没有存在感。

2010 年 3 月，ARM、飞思卡尔、IBM、三星、意法－爱立信及德州仪器等半导体厂商联合成立 Linaro 公司。作为一家非营利性质的开放源代码软件工程公司，Linaro 可以帮助 ARM 的合作伙伴更快、更容易地推出基于 ARM 架构的产品，也能解决 ARM 生态系统中因重复投资而造成的资源浪费问题。

针对各个成员推出的 ARM 系统单芯片，Linaro 提供了 ARM 开发工具、Linux 内核以及 Linux 发行版［包括安卓和 Ubuntu（乌班图）］的主要自动建构系统。Linaro 一时间成为深受欢迎的新兴开源社区，更是 Linux Kernel 社区的主要贡献者。

Linaro 就像一个跨界的创新研究院，聚集了全球最顶尖的技术公司和机构，比如 ARM、高通、华为、IBM、英特尔等，汇聚着丰富的经验和资源，为 ARM 生态系统注入了源源不断的动力。

Linaro 瞄准了新兴的 ARM 服务器架构，正好契合了华为进军服务器市场的战略节奏，所以两个充满理想的新手在这里一拍即合。Linaro 社区成为华为第一个系统性参与的开源社区。

为避免别人误以为华为在这个社区深度参与，是打算自己把所有的东西都做了，华为选择利用 Linaro 里的"三驾马车"来推动董事会和 ARM 公司对 Linaro 社区的投入：一个是未来 ARM 的开发者云，跟芯片相关；另外两个是 ARM 生态开发版与芯片指令体验。

随着华为对 Linaro 的贡献增加，华为也熟悉了开源社区的系统性运作机制。Linaro 的管理团队与合作伙伴、开源社区紧密配合，通过公开讨论的方式收集需求、集合资源及制订计划。此外，每六个月，技术指导委员会（Technical Steering Committee, TSC）都会向各工作组提出未来路线图，工作组则以此制定详细的开发蓝图。Linaro 的大部分开发成果也都会被直接提交到已有的开源社区上游项目（upstream project）。把所有代码都放入上游项目，可以确保所有人都能立即得到运行在最新平台上的最新代码，并因此受益。

2014 年，华为与英特尔一起推动 Linaro 服务组的投入。在华为人看来，这是华为开源文化的真正开端。

作为全球领先的科技企业，华为深知开源的力量和价值。而做事抓核心的习惯，也让华为迅速将目光投向了 Linux 内核。华为开始积极参与内核的开发和维护，修复漏洞，优化性能，增加新功能，不断推动 Linux 内核的进步。终于有一天，华为在和外部沟通的时候，想说明公司对 Linux 内核的投入，就统计了一下华为在整个社区里面的贡献，结果发现华为的排名竟然已经非常靠前，影响力已在不知不觉中快速地形成。那些原本对华为业务完全没概念的欧洲同行在看到华为在 Linux 里的贡献后，开始真正认可华为在 Linux 里面所做的工作。

也是从那时候开始，大家对于华为在 Linux 里面的贡献认知快速刷新——排名从前五到前三，甚至时有夺魁之姿。

慢慢地，大家对华为的排名靠前习以为常，华为在 Linux 内核领域中的声望和地位正式确立。

在从零走向行业前列的过程中，华为一直在渐进地量变，在慢慢地积累，然后突然之间迎来了质的飞跃。这让在 Linaro 社区里被锤炼的欧拉团队备受鼓舞，每个人都预感自己的未来将肩负更大的责任。

随着 ARM 服务器、开源社区和操作系统等领域的迅速发展，华为意识到了构建 ARM 生态和软件生态的重要性，开始把 ARM 生态、软件生态构建的事情也交给欧拉团队。因为未来欧拉生态构建的过程不仅涉及软件的更迭，还包括硬件规范的设计，打通不同的体系架构、软硬件之间的协同等。欧拉团队在开源社区积攒的经验和对欧拉生态的不断探索，为后来华为建设欧拉开源社区和鲲鹏生态带来非凡的价值。

建立规范，将 ARM64 ACPI 推到 Linux 的主线社区

华为操作系统内核实验室工程师郭寒军在 Linaro 社区里得到了不少历练。

2010—2012 年是华为的迅猛扩张期。当时华为在杭州招人，在同学的推荐下，郭寒军进入华为，做容错机以及操作系统相关的工作。在此之前，郭寒军专注于偏底层的 ACPI（高级配置与电源接口）技术，这是关于操作系统如何跟底层的 BIOS（基本输入输出系统）进行交互的接口技术。

2013 年，华为计划进军 ARM 的服务器芯片领域，郭寒军便被外派到 Linaro 社区，他所在的小组类似于一个针对数据中心服务器的团队。Linaro 社区里的高通、凯为（Cavium）、AMD、红帽、嘉协达这几家公司一直在推动 ARM 服务器标准的制定。进入这个小组后，郭寒军希望能将 ARM64 ACPI 从一个简单的状态推到 Linux 内核主线社区，为此，他需要建立起 ARM64 ACPI 规范的支持，并修正规范以作为所有后续事宜推进

的基础，而这更是被整个社区接受的前提。

当时 ACPI 规范由 5 家公司控制，其中 ACPI 规范的主席之一是惠普公司的魏东，另一位是英特尔的 Mark Doran。在华为提交提案的整个过程中，英特尔从未故意设置门槛，非常具有"老大哥"的风范。在惠普任职的魏东更是动用了很多资源，把原本由 5 个公司掌控的规范推动到 UEFI（可扩展固件接口）规范中。

当时的 UEFI 规范和 ACPI 规范都是由英特尔主导，但是所有公司都可以参与，成为其会员，华为也是会员之一。英特尔对技术的包容性可见一斑。

这是历史上第一次，ACPI 标准组织仅用半年时间就迭代出一个版本（ACPI 5.1 版本）。郭寒军在这个版本的基础上，把相关内核操作系统的支持推向了 Linux 的主线社区。这也成为 UEFI 组织历史上最为迅速的一次版本迭代，而此前的开发周期通常是一年。

第六章

『欧拉』的第一场真正较量

运营商业务是华为定位的核心业务，是支撑华为核心收入的"黑土地"。在 2014 年之前，华为的手机业务还没有爆发，企业市场也还比较小，以"欧拉"为核心的操作系统，依然围绕华为运营商业务，尤其是云计算业务而展开。在云计算的战略中，华为选择了与运营商并肩作战，为运营商提供技术支持。对于当时刚刚起步的欧拉操作系统以及基于 ARM 架构的鲲鹏芯片来说，运营商市场无疑成为它们最好的落脚点。

　　随着运营商云计算业务的开展，"欧拉"不断发展，并且在应用中不断完善。欧洲的几大运营商成为"欧拉"早期发展的重要施展舞台。

　　而在 DX 电信公司，"欧拉"终于遇上了一场真刀真枪的较量。这场较量对"欧拉"来说，意味着要在国际市场上经历核心客户的检验，为规模化应用做好准备。

成为欧洲运营商公有云战略合作伙伴

DX 电信公司旗下的一家全球性信息技术服务和解决方案提供商 T-Systems 公司的 IT 部主管阿伯哈桑（Abolhassan）曾形容他们公司与华为之间的合作关系："华为提供专业的硬件和解决方案知识，而我们通过最好的网络提供卓越的云管理服务，确保云的高可用性。通过这种方式，我们能够在将客户的 IT 业务迁移至云端时，实现价格、服务和质量的完美平衡。"

过去，欧拉操作系统一直只面向华为内部产品，然而，随着时间的推移，它的应用场景从华为的存储服务器拓展至云场景。华为已经成功地将基础平台、服务面以及管控面的一部分操作系统引入云领域。

截至 2015 年底，华为的云操作系统 FusionSphere 已被全球 108 个国家的 2500 多家客户广泛应用，在全球范围内已部署超过 140 万台华为云计算虚拟机。

而华为最初的云策略并不是要自己开展公有云业务，在与 DX 电信公司合作之初，华为的公有云尚未正式上线。

华为与 DX 电信公司合作的项目被冠以开放电信云 (Open Telekom Cloud，简称 OTC) 之名。早在 2015 年 3 月的德国汉诺威消费电子、信息及通信博览会（CeBIT）上，DX 电信公司就宣布：选择华为作为公有云战略合作伙伴。在这次合作中，华为负责提供涵盖服务器、硬件和软件等全套的云技术；而 DX 电信公司的全资子公司 T-Systems 负责云平台的运营，服务内容包括提供机房与电力，再加上月度运营、销售等各个环节。

2016 年 3 月 14 日，华为在德国汉诺威消费电子、信息及通信博览会上发布了全球首个基于 SDN（软件定义网络）架构的敏捷物联解决方案和全球首款 32 路 X86 开放架构小型机昆仑（KunLun）服务器。

2016 年 7 月 5 日，DX 电信公司在 OpenStack Days Deutsche（德国日）上介绍了与华为合作的基于 OpenStack（开源云计算管理平台项目，是一系列软件开源项目的组合）的开放电信云，并发布了 Docker 容器服务（CCE）和关系型数据库服务（RDS）两个公有云服务。华为分享了对 OpenStack 社区的最新贡献和成果，在欧洲战略市场发出更多声音。

开放电信云部署在比尔数据中心，它位于德国萨克森－安哈尔特州（Saxony-Anhalt）比尔镇，堪称欧洲最先进的数据中心。比尔数据中心和位于马格德堡的同类型数据中心，几乎涵盖了 DX 电信公司生态圈中所有技术和软件合作伙伴提供的解决方案。这一睿智之举不仅在技术上实现了无缝对接，更重要的是解决了大家最为担忧的网络安全问题。因此，通过在比尔数据中心搭建开放电信云，华为能确保任何数据的处理都将严格遵

104

守德国的数据保护法，为用户提供最高水平的安全保障。

DX 电信公司首席执行官（CEO）蒂姆·霍特格斯毫不掩饰地表示开放电信云无疑是 DX 电信公司公有云业务发展历程中最重要的一笔。它允许用户直接通过公网访问，为所有规模的客户提供便捷的云服务。不论客户的规模大小，开放电信云都扮演着数字化进程中至关重要的角色。这也是 DX 电信公司打造欧洲商业客户云服务领导品牌的重要里程碑。

时任华为轮值 CEO 的徐直军也表达了对开放电信云的愿景："华为与 DX 电信公司在云计算上有共同的战略和理念，双方都有为企业服务的决心、经验和团队，同时也拥有非常优秀的公有云技术和技能。通过双方的战略合作，充分发挥各自优势，可以为企业和行业提供与 OTT Player[①]截然不同的、充满创新的公有云服务，与 DX 电信公司一起把'开放电信云'打造成面向行业和大企业公有云服务的标杆，华为对此充满信心。"

未来的世界属于那些勇于开放、敢于合作的企业。自 2012 年以来，CERN（欧洲核子研究中心）在"螺旋星云"计划中扮演着主导角色，为一系列欧洲项目注入活力。这个伟大的计划旨在打造一个开放的欧洲科学云，让大型研究实验室能够通过混合计算模式无缝地提升计算能力。探索未知，创造未来，是科技发展不变的法则。正是在这个信念的驱动下，华为与 DX 电信携手合作，于 2017 年成功为"螺旋星云"提供了技术支撑，包括计划设计、测试，并提供了公有云服务。

---

① OTT Player：一款安卓平台应用。

华为相信，借助开放电信云的力量以及在"螺旋星云"计划中所获得的宝贵经验，未来再为其他科研机构提供云服务支撑，这样的合作产生的价值不可估量。它不仅为华为的开放合作精神和创新文化树立了良好的口碑，还为其在全球市场的竞争中赢得了更多的认可和信任。

遭到 DX 电信公司架构师库尔特的质疑

与 DX 电信公司的合作，虽然是身为技术方的华为提供了"螺旋星云"计划的设计、测试支持以及公有云服务，但是 DX 电信公司提出的云平台构建想法也发挥了重要作用。

在这个合作过程中，DX 电信公司和华为也经历了各种曲折。DX 电信公司负责开放电信云的德国架构师库尔特·加洛夫（Kurt Garloff）就是这段曲折历史中的重要角色。他原先在 SUSE 公司负责研发云和存储，现在是 T-Systems 的架构师。从整体合作的优势来看，关于软件方案的话语权，肯定是华为更大一些。但是库尔特有 SUSE 背景，很懂操作系统。

当时库尔特提出最多的质疑是：如果用"欧拉"，产品的生命周期怎么管？后期怎么维护？对于一个操作系统来说，生命周期，维护策略，包括商用维护的能力都很重要。否则的话，就好比让人家上了一条船，结果这条船没多久便漏水了，这肯定不行。对于一个云平台来说，安全、可运营运维的一些能力非常重要，商用操作系统在这些方面更让人放心。

107

华为只好跟他们反复进行沟通，向他们表明虽然欧拉操作系统不是一个全商用操作系统，但华为内部也在用"欧拉"。尽管过去它只服务于华为内部，但是从构建到维护，这一整套的操作系统完全是标准化的。

为了让他们接受"欧拉"，华为努力跟库尔特交流"欧拉"的版本策略、生命周期和后期维护等策略，以展示华为研发团队的实力。华为不只想让库尔特看到欧拉操作系统现在的能力，还想让他了解华为更长远的规划，也就是华为会如何来保证"欧拉"这条船能够一直得到很好的维护，能一直让船上的人处于安全的状态。

然而库尔特始终不想用欧拉操作系统。在他看来，欧拉操作系统在行业内完全没有声誉，华为不是专业做操作系统的，也没有什么专长。既然华为不专业，"欧拉"也不出名，那干吗要用欧拉操作系统？他还是觉得红帽或者 SUSE 这一类的商业操作系统更可靠。

面对他持续不断的各种质疑，华为的接口人不得不向高层呼吁："你们得派个人过来跟库尔特对接。"

当时华为负责 EulerOS ARM64 版本设计工作的欧阳逸属于后方研发，所以欧阳逸团队的人经常需要去给跟操作系统相关的问题做闭环。为了让库尔特打消对"欧拉"的顾虑，欧阳逸临危受命，在德国待了一年。

用技术实力说服合作方

从 2017 年十一假期结束，到 2018 年十一假期回国前，欧阳逸基本上都在和库尔特打交道，向他展示华为的相关技术能力。说服工作进行得很困难，但没想到，历史给了华为一个绝佳的说服机会。

2018 年元旦爆出了英特尔的硬件漏洞事件，就是备受瞩目的 Meltdown（熔毁）的硬件漏洞，还有 Spectre（幽灵）漏洞。这两个漏洞堪称历史上最经典的硬件漏洞，当时整个行业都为之震惊。漏洞被爆出之后，修复和缓解漏洞成为当务之急。修复漏洞需要对云平台这类操作系统进行升级，而这可能会导致租户业务的中断，非常麻烦。

华为和 DX 电信公司合营的开放电信云，对外主打的品牌卖点恰好是安全。那时，德国乃至整个欧洲的本土电信公司或者选择亚马逊、微软，或者选择开放电信云，向客户宣传的卖点首先是本土化，强调产品的数据等都在德国本土，不会因客户用的产品是外国公司生产的，数据就被拿到外国。其次的卖点才是安全。所以英特尔的漏洞事件被爆出后，他们并未多想，只是急忙同步往社区里推了一些漏洞的缓解补丁。华为也发布了补丁版本，但是在当时的环境下，这些漏洞只是从理论上推理出来的漏洞，没有办法验证漏洞是不是确切地被修复了。

尽管华为也发布了补丁，但大家总觉得这些补丁还不是那么有说服力。从专业角度来说，华为觉得在这个事件的初期就急匆匆地放出来一些东西，并不一定完全可靠。

于是华为建议 DX 电信公司"让这个东西稍微暂缓一下"，等到整个事件在社区更明朗之后，再一次性搞定，不要今天升级了，明天发现不行再升级，这件事需要一个更稳妥的方案来应对。但是 DX 电信公司方面，包括库尔特，他们对安全的看重与理解跟华为的观点完全不同。库尔特觉得哪怕中断用户业务也要马上升级。华为在他们的主导下，不得不强行做了一波升级。

然而后来事情的发展跟华为预测的类似：问题不是推出第一波补丁就能解决的。在英特尔反反复复推出补丁后，DX 电信公司也慢慢认同，不是英特尔出一个补丁，他们就要跟着升级一下，而是必须得等事情尘埃落定，弄清楚后再来升级。事实证明，华为的技术判断更准确。

欧阳逸离开德国的时候，DX 电信公司已经毫无疑问地接受了欧拉操作系统。这个项目对欧拉操作系统而言，是其对外商用化道路上的一个重要里程碑。华为凭借卓越的技术实力，最终让合作方对华为的方案给予了高度的认可。

华为合作云，伙伴云模式后期的发展趋势

　　和 DX 电信公司的良好合作，堪称华为与欧洲合作的巅峰时刻。这对初期的"欧拉"全球化应用而言是一次绝好的提升机会。

　　华为刚开始的策略是想让合作伙伴看重这个项目，所以在与 DX 电信公司的合作项目上进行了大量的投入。但是华为并没有像想象中的那样获得丰厚的利润，毕竟客户数量有限，销售额不高，可以说没怎么赚钱。

　　除了与 DX 电信公司以及其他多家欧洲主流运营商合作，华为同期还与国内的中国电信天翼云展开了合作。这几家运营商基本上都在用华为的技术做平台。其中 DX 电信公司算是比较大的一家，其他几家的规模相对小一点。

　　那时候，华为对于云计算与运营商联手的合作战略深信不疑；对于通过与当地运营商合作，能解除对网络安全问题的担忧也坚信不疑。

　　然而在时代大潮之下，尤其是政治浪潮下，无论是个人还是企业都是那么弱小且脆弱，总要遭受风吹雨打。

当很多东西在巨浪的冲击下变得支离破碎的时候，也有生命在这样的契机下顽强地脱颖而出。从这场合作中磨炼出来的"欧拉"，正沿着自己的内在意志继续前行。

"欧拉"新的篇章，就在这样的地缘政治背景下，以它自身内在的意志，迅速地拉开了新的帷幕。

第七章

攻坚操作系统内核

内核对操作系统的重要性

阿姆斯特丹自由大学计算机科学学院教授、计算机科学家安德鲁·S·塔能鲍姆（Andrew S.Tanenbaum）曾在 1983 年说过："操作系统内核是计算机科学领域最困难的部分之一。"

操作系统大佬林纳斯·托瓦兹在 1991 年创建的 Linux 内核中，注入了自己对内核重要性的理解："内核是计算机系统的核心，没有它，就没有现代计算机的功能。"

苹果公司的创始人之一史蒂夫·乔布斯（Steve Jobs）在推出 Mac OS X 操作系统时曾强调："我们采用了一个强大的内核，这是一个出色的设计。"

内核重要到什么程度？——它不是用来运行应用程序的，而是用来推动计算机科学的。

在这样的底座构造下，欧拉操作系统怎么可能绕开内核而行。不论内核研究的困难程度如何，内核都已是做操作系统无法回避的前沿地标。

而初创的欧拉七部作为负责内核研究的团队，和存储、操作系统等团队一样，没有多少人懂行，几乎谈不上"专业"。

作为操作系统的核心，内核负责管理操作系统的进程、内存、设备驱动程序、文件和网络系统等，决定着操作系统的性能和稳定性，是连接应用程序和硬件的桥梁，是现代操作系统中最基本的组成部分。在大多数操作系统上，内核是系统启动时首先加载的程序之一。它处理启动的其余部分以及来自软件的内存、外围设备和输入/输出请求，将它们转换为中央处理单元的数据处理指令。

华为自研内核则承担着更加重要的使命和责任。

魏勇军是华为操作系统内核实验室软件总工，也是自动内核缺陷发现机器人 HULK Robot 架构师，在操作系统内核实验室组建了十几人的网络团队。这个团队在做操作系统的维护时，就感到工作量很大，比如一旦内部写的补丁没有及时传到社区，就会导致后期版本更新负担加重。也就是说，如果在升级的过程中没有把发现的 bug 及时提交给社区，那 bug 肯定还在，新版本就要回过头重新做测试，再做所有补丁的适配，甚至所有流程都要重新做一遍。所以 openEuler 的内核策略以及社区版本如何演进，从拿到一个新版本，到真正实现内外部商用，涉及质量工程方方面面的事情，魏勇军主导的内核团队一直处在不断修改策略的状态中。

吴峰光看到华为在内核上不遗余力地投入多年，又恰逢华为吸引开源人才的契机，而他自己正好在操作系统方面具备全栈的能力，所以在 2020年进入华为，加入了 openEuler 操作系统团队。他相信在华为能找到更多志同道合的人，共同完成一个真正根植于中国、引领全球的操作系统。

吴峰光还记得自己 2007 年参加 Kernel Summit（内核代码峰会）时的情景。每年一次的 Kernel Summit 是内核领域的盛会，汇集数十位全球顶尖的内核开发者和专家。大家挤在一个小房间里，围着大圆桌开会，这个人拿起话筒讲一讲，那个人拿起话筒讲一讲，依次发言，气氛激烈又热闹。尤其是外国人说话时，整个房间都能听到，甚至很多外国专家不拿话筒也中气十足。吴峰光开玩笑地说自己跟他们最大的差距就是体力。这要是身体好了，精力上去了，他也能为内核做出大贡献。

魏勇军也曾被邀请参加 NetDev Summit（内核网络子系统峰会）和 Kernel Summit。当然，国际上这类内核大会的与会名额非常有限，只有维护人员和核心开发人员才能参加。

内核是操作系统的核心，芯片是计算机硬件的核心。内核需要与芯片紧密合作，以实现对硬件资源的有效管理和控制。内核与芯片之间互相搭配，如同皮与毛。曾经的微软与英特尔强强合作，被称为"Wintel"联盟。自 20 世纪 80 年代开始，这个联盟主导着全球 PC 市场。华为完全能看清楚它们的决策意图，所以明白：如果做自己的芯片，就必然要做自己的操作系统，操作系统是给芯片打前站的，芯片市场必须建立在整个软件生态的基础上，生态有多大，它的市场份额就有多大。这一点英特尔很早就着手部署了。所以，就算英特尔在内核社区、内核芯片市场几乎已经构成了事实上的垄断，也依然要投入近千人来发展中国的开源技术，其核心目的就是要搞生态。

眼下，华为虽然不需要从零开始，但毕竟起点不高，仍然需要一大群懂技术的人来构建这个庞大的系统，需要高手，需要那些能够全面应对点和面的人才，来投身开源事业。

华为为什么一定要自研内核？

华为的研发人员有着开阔的视野和敏锐的技术嗅觉，早在 2011 年，他们便发现学术界有一个项目在研究下一代操作系统的内核。这一发现让他们意识到，公司应该开始研究下一代自研内核的架构。

在计算机起源的时候，操作系统还是类似 Unix 这种"微内核"的概念。Unix 微内核的架构可以充分发挥硬件的能力，但需要专业人员配合才能把它做到极致。IBM 兼容机出来以后，操作系统的门槛被迅速拉低，之后又有了 Linux。

所以在 2016 年前，华为的内核有两个分支方向。

其中一个分支方向就是 Linux 的内核——把基于 Linux 操作系统内核的特性都同步到华为公司内部，让端侧操作系统、嵌入式操作系统、服务器操作系统都基于这个内核，然后再各取需要的特性到自己的版本里。胡欣蔚一直在负责这部分的事情。

在使用 Linux 的过程中，华为的软件工程师比较看重通用性或者简单易用性，那时发挥硬件的集成能力还没有成为软件最重要的诉求。当 Linux 这种简单应用的宏内核概念出现，并具备了"所有的东西我都帮你做好，你不用管，你只要把上面的应用不断扩大开发"的强大功能时，便大大地激活了整个应用生态的发展。

既然宏内核负责管理和控制整个系统的资源和服务，那么溯源到内核的根本问题：所有的东西都要用到内核，"内核态"的概念一定是不可回避且至关重要的。

内核态，是操作系统核心的核心。计算机运行在内核态时，内核可以直接访问和操作内存、处理器、设备和其他系统资源。它提供了一种隔离的环境，能确保不同应用程序之间的相互干扰最小化，并保证系统资源的高效利用，所以是一种特权模式，赋予操作系统对硬件资源的直接访问和控制能力，拥有更高的权限级别和更广泛的系统访问权限。

现在最基本的内核都超过 3000 万行代码，一旦内核在某个地方崩溃，这 3000 多万行代码都会受影响，可靠性堪忧。另外，所有的信息都集中在内核里面，一旦所有的信息都跑起来，其性能会受到威胁。就算所有的信息都能在内核里顺利运行，解耦性仍然受到威胁。所以华为认为可行的解决方案是，在整合所有云计算时，完全可以让华为的微内核架构发挥硬件功能优势。况且华为当前的工程师对软硬件垂直整合的知识和架构的掌握能力，与他们在二三十年前掌握的能力相比要强得多，华为内部一致认为：是时候把 Linux 这种架构颠覆掉了。

华为内核的另外一个分支方向就是自研内核。当时华为邀请了上海交通大学的陈海波教授来担任自研内核团队的领导者。

陈海波，本科和博士毕业于复旦大学，学过力学，从高中开始就接触计算机。他曾听前辈说，学计算机的人有三大浪漫：操作系统、编译器和图形。所以陈海波进大学以后就开始接触 C 和 C++ 语言。2009 年，他还是位青年教师，经常外出做报告，华为就派了一些勤学好问的"好学生"参会。在陈海波的印象中，华为员工每次都听得特别认真，听完会提出各种问题。自此，陈海波便和华为人畅聊了起来。到了 2012 年，他开始跟华为在移动操作系统的安全等方面进行项目合作，参加华为的峰会等，彼此有了更深入的了解。

然而陈海波始终不想离开学校。华为爱才，便放宽了条件。陈海波成为华为第一个（不是最后一个）不离开学校又在华为任职的人员。

陈海波入职华为后，要攻坚的目标就是做下一代内核。

华为的业务体量巨大，绝对不能完全依赖他人的体系，否则，一旦别人的体系不给用，或者在一些关键场景用不了，就会给华为带来不可估量的损失。华为必须有一套自己的体系，让自有体系发挥关键性的价值。

2016 年，华为的中央软件院想建一个独立的内核实验室，进行除内核开发以外更先进的研究，还把原来欧拉七部的人员调配到这个内核实验室做相关的工作。到了 2017 年左右，华为把内核实验室和欧拉开发团队合并，形成了一个大的操作系统内核实验室。

华为这些举措不仅仅是为了让"备胎"多一点，还因为华为确实面临很多新的业务，类似于车联网、5G 布局等，所以这些"自研"内容不仅是用于开源和进一步改造、优化，更是为了新业务的发展。正是凭借着对技术的敏锐嗅觉和对自主创新的坚定信念，华为在自研内核的道路上迈出了坚实的步伐。

自研内核的里程碑

欧拉自研内核在内部有标志性的几步。

第一步是从 2013 年开始，内核版本在 CT 领域里得到商用。这也是一个重要的里程碑，华为的内核技术在此刻得到了实际应用和验证。

第二步，2016 年，公司内部完全认可内核对产品特性的贡献。也是在这一年，内核团队在华为手机上成功实现了文件系统 F2FS 的落地。

F2FS 的应用，源于华为消费者业务部门主管软件的王成录的建议，他希望操作系统能够在手机上面做一些贡献。手机产品普遍容易卡顿，其中一个很重要的原因是文件系统在使用过程中会产生大量的碎片，导致手机性能下降非常快。大家都希望从安卓默认的传统文件系统切换到一种创新的文件系统以解决这个问题。

F2FS 最初是由三星研发成功的，开发者叫 Jaegeuk Kim（金在极），韩国科学技术高等研究院计算机科学专业博士，他一毕业就入职了三星。F2FS 全名叫 Flash Friendly File System，因为其中有很多"F"，所以被缩写成 F2FS。Kim 的老板比较有远见，让他专注开发 F2FS，来解决 Linux 最通用的 EXT4FS 在手机上的性能问题。Kim 埋头苦干两年后，成功交付出 F2FS。与此同时，用于硬盘设计的 Linux EXT4 文件系统已经比较稳定，虽然没有办法像 F2FS 那样能解决碎片化导致手机越跑越慢的问题，但是性能已经有所优化。

2016 年，欧拉一部的人说"要不我们换入 F2FS？"这建议一提，波澜四起。

F2FS 这么优秀的文件系统，当时在华为内部已经进行了一年的测试，本应被重用，但决策层对此顾虑重重：如果真的将 F2FS 文件系统应用于手机用户，万一文件系统出错，将手机客户的文档弄丢了，该是多大的事故，该多严重地影响客户对品牌的信任。

当年三星已经做到了安卓手机第一，也没敢贸然换文件系统，这才慷慨地将 F2FS 开源出来。F2FS 开源后也没有其他公司敢用，直到谷歌收购了摩托罗拉手机业务后才被用上。谷歌用 F2FS 时顺便挖走了 Kim，让他移民到了硅谷。不过由于谷歌这款手机型号不畅销，难以判断文件系统里的错误是不是能被全面发现。

李瑞联和胡欣蔚虽然对换 F2FS 很有信心，但他们仍然希望确认一下谷歌手机在使用 F2FS 后的稳定性。为此，他们在去美国出差时联系了 Kim。当时恰好 Kim 对在谷歌的工作感到乏味，觉得自己没有什么发挥空间，与李瑞联和胡欣蔚越聊越投机。华为从 Kim 那里获知 F2FS 很少出 bug。之后，Kim 选择跳槽到了华为的西球研究所。

F2FS 的落地并不是件简单的事情。华为为了确保文件系统的可靠性，进行了大量的工作，既要保证它在大规模使用时不出问题，又要保证手机性能可以获得可观的提升。Kim 为此到上海出差了好几个月，和国内团队一起攻关。

F2FS 让胡欣蔚等人看到了新型存储介质给文件系统创新带来的机会，而这个创新在手机上找到了落地机会。F2FS 成为华为第一次从内核角度出发为手机打造的卖点，它后来被包装成"天生快，一生快"的基础能力。

可以说华为虽然不是第一个在手机里用 F2FS 的公司，但却是第一个把它做成非常稳定、实用，且具有出色商用质量的系统的公司。这对于内核来说也是一个里程碑式的发展。

内核有何特别之处？

在华为埋头自研内核的同时，外界对华为内核的质疑声此起彼伏，声称华为内核只是红帽内核的翻版而已。

胡欣蔚当然完全不认同这个说法："内核本身就是一个有数千万行代码的大项目，在这样规模庞大且紧密耦合的项目中，进行大规模的侵入式修改，会带来巨大的长期维护风险。华为维护的 Linux 内核同样是基于一个社区长生命周期版本，但所有额外的新增特性都是华为自己把关和引入的。更重要的是，华为的内核演进方向符合华为用户的场景诉求，与国内软硬件环境的演进节奏也非常匹配。华为有能力主动开发新特性，也有能力管理和控制内核的研发方向与演进节奏。"

其实操作系统里不光有内核技术，还有类似于编译器、虚拟化等一系列的技术。但最终能否在客户场景里跑起来且运行良好，才是客户真正关心的。比如在鲲鹏服务器的业务场景下，华为的版本相对于其他操作系统，性能优势更明显，甚至跑在 X86 上也有性能优势。这些关联因素直接促使"欧拉"从一开始就被定位为打造多样性算力最优技术路线。

李勇为华为内核的独特性做了强力发声，"民营企业真金白银地投入做 Linux 内核。华为从最开始在社区中完全看不见，到现在经常在全球内核贡献上排名前五或前六，甚至偶尔第一。看它愿意花 10 年持续做一件事，我们就可以认为甚至相信它在未来的 10 年、20 年还会坚持下去。这在国内是非常罕见的。尤其是像这种风险非常大又看不清方向的原创性项目，之前很多公司的工程师都是'出师未捷身先死'；而华为充分地相信科研人员，提供充足的资源。所以不论是结构性的，还是战略性的，华为都没有明显的短板。只要社区参与的人都有一口饭吃，大家能够跟着一起走，只要坚持工程过程的开放，剩下的都是技术层面的问题，不过花些时间而已。华为定下决策，愿意不计成败，长时间投入地去做开源生态，这是非常值得被尊敬的行为"。

内核是操作系统的核心组成部分，负责管理系统的硬件资源和提供对应用程序的运行环境，与开源社区有着紧密且重要的关系。

开源社区是最需要内核稳定的。如今有企业愿意花二三十年的时间，不计成败地把内核这一件事情做好，把开源社区的根基打好，对开源社区来说是非常艰难、可贵的事。内核之上的社区是一个开放的生态系统，它不以个人或者是一群人的意志为驱动，而是由整个大形势来驱动。在这个形势下，如果欧拉开源社区做不起来，肯定也会有其他组织接手。

现在欧拉开源社区已经启程，而且整个工程的模式也非常漂亮。李勇相信，等日后回过头看，大家会看到一个完全不一样的欧拉开源社区。

"鸿蒙"诞生，内核应该具有怎样的"神力"？

2019 年 8 月 9 日，华为消费者业务在其全球开发者大会上正式向全球发布其全新的操作系统——鸿蒙操作系统。这款操作系统将作为华为迎接全场景体验时代到来的产物，充分发挥其轻量化、小巧、功能强大的优势，率先应用在智能手表、智慧屏、车载设备、智能音箱等智能终端，为消费者打造全场景智慧生活新体验。

鸿蒙操作系统的出发点和安卓、iOS 都不一样，它是一款全新的基于微内核的面向全场景的分布式操作系统，能够同时满足全场景流畅体验、架构级可信安全、跨终端无缝协同以及一次开发多终端部署的要求。"鸿蒙"应未来而生，为未来而来。

时间回到 2017 年初，华为想要打造一个全新的操作系统内核。既然是一个全新的系统，那应该是一件"开天辟地"的大事。陈海波在回家过年的假期里，认真思考了取名的事。

中国神话里的开天辟地是从鸿蒙开始的；而西方文化是用"基点"

来形容世界的开始。华为作为一家中国公司，总不能取一个英文名来表达自己的开天辟地吧？另外，产品名要体现出中国的传统文化特色。道家曾说：一生从无到有，再从一生二、二生三、三生万物。华为设计的这个操作系统不仅要面向终端，更要面向万物互联的智能世界，所以陈海波建议给这个全新的操作系统取名为"鸿蒙"。

大家对这个想法很有共鸣，纷纷投票表示赞同。

"鸿蒙"面向智能终端，定位比较清晰。"欧拉"则是面向数字世界的基础设施，不仅涵盖智能终端，还包括了服务器、边缘设备、嵌入式等设备，这样的定位确保了"欧拉"在不同领域的广泛应用。

那么，接下来"欧拉"与"鸿蒙"的商业模式怎么建？老板任正非会有这个顾虑吗？关于商业模式的问题，他是怎么考虑的？

任正非的思考维度可能会更宏伟一点。他首先思考的就是："欧拉"的目标是要打造中国基础软件的根，然后做世界的第二选择。这是一个很宏大的目标。其次是"鸿蒙"将成为智能终端的基础平台。

陈海波根据这些目标，定下了执行方向：如何实现"能力共享，生态互通"，如何将二者的结合部分做好。

所以从整个架构来看，很多关键能力还是在于公共能力，即人才的互通，推动双方能力的互相促进。未来他们面临的很多场景，既需要"欧拉"的能力，也需要"鸿蒙"的能力。通过构建强大的生态系统和持续的创新，华为将能够在全球范围内提供具有竞争力的解决方案。

128

第八章

美国商务部将华为列入『实体清单』

美国挥舞"长臂管辖"大棒，撼动华为的业务连续性

2018 年 12 月，一场酝酿多时的"政治打压"突如其来。美国政府依据"长臂管辖权"以及与加拿大之间的国际司法协助条约，在加拿大对华为进行"跨国执法"。事件刚一发生，震惊全球！

"欧拉"的故事发展到这里，忽然被历史的浪潮打断，所有人都停下手里的工作，凝视着窗外这段前所未有的黑暗时光。

但在"欧拉"漫长而坚韧的奋斗史中，这个"未来已来"的低谷信号，却激发出"欧拉"最强烈、明晰的反应。"欧拉"将在这段历史中蜕变，焕发出新的生机。

事实上，在"跨国执法"事件之前，2016 年的"中兴事件"已经给华为敲了一个警钟，但当时华为内部对于美国可能采取的打压措施的判断还是相对乐观的。

2018 年 5 月 24 日，离"跨国执法"事件还有半年的时间，在华为 20多个核心管理团队成员参加的务虚讨论会的纪要中，有一条不起眼的记

录：如果谷歌（操作系统）不让华为用，华为在海外就无法卖手机了。虽然参会的人一致认为这几乎不可能发生，但他们在会议过程中还是非常具体地谈到了"在最坏的情况下"应该怎么应对。当时所有人的精力都放在硬件上面，认为硬件肯定不会有问题。

当美国依据"长臂管辖权"对华为跨国打压后，无论是底下的硬件部门还是软件部门，都意识到"业务连续性"无异于华为的生命线，决定华为的生死存亡。

为解决当务之急，各部门马上动手梳理业务连续性的内容。

硬件层面，华为很多正在使用的芯片要换，之前用的 50 万套基本属于 X86 的服务器和英特尔芯片。这些产品也属于探索阶段，商用的量占比非常少。还有一部分是华为自己搞的 ARM 芯片（当时还没有鲲鹏，只叫 ARM，有了芯片后才改叫鲲鹏），那时候虽然已在企业存储上使用，但整体上的量还是比较少。

软件层面，从 2018 年底到 2019 年上半年，华为很多软件产品线都没有停歇。这些产品线主要针对 ARM 的商用和替代，要求软件既能支持 X86 又能支持 ARM，以确保"业务连续性"。

欧拉团队则需要考虑如何协同操作系统和硬件，如何结合产品的场景去构筑更多的竞争力，让更多的产品能够使用欧拉操作系统，同时能把硬件的优势充分发挥出来。

2019 年新年，欧拉部很多人年都没有过完，就回到公司做集结，启动整个业务连续性的攻关工作。

5 · 16，瞬间陷入绝境的夜晚

历史的尘埃掉落在每个人身上都是一座山。我们没法改变历史的进程，但是当历史的尘埃降临时，我们却能主宰自己的反应。在巨大的冲击面前，是顺从屈服，还是奋起抗争？我们依然拥有选择的余地。

2019 年 5 月 16 日，对华为来说，是一个特别的历史时刻。这一天，美国商务部以国家安全为由，将华为及其 114 家海外机构列入了"实体清单"。这意味着未获得美国商务部许可，美国企业将无法向华为供应受控产品。这几乎能掐断华为的供应链：华为的 PC 将无法使用微软的 Windows 系统和英特尔的 CPU，华为手机也将无法使用谷歌安卓系统的谷歌移动服务和高通的芯片。

任正非将损失惨重的华为比喻成被"打得千疮百孔"的飞机。华为只能一边飞，一边修补漏洞，一边调整航线。华为员工都知道，每个人的责任就是把"洞"补好，才可以生存下来。

严峻形势之下，华为的"备胎"计划正式对外公布。海思、HMS

（Huawei Mobile Service，华为移动服务）和"鸿蒙"一下子置身于全国乃至全球的聚光灯之下，成为最热的明星。彼时在社会上还籍籍无名的鲲鹏芯片和"欧拉"，竟然也成了危机之中最切实可行的备选方案，真正发挥了支撑华为运营商业务的"基石"作用。

一封鼓励全员的信

2019 年 5 月 16 日，得知制裁消息的当天夜晚，何庭波正在回家的路上。在华为的领导层里，她的家距离公司最近。途中她一直保持跟办公室的联系。那时，华为大部分人只参与各自的项目，不参与战略攻关，所以大部分人并不知道关于华为战略攻关的全景图，更不知当时的战略攻关其实已经把所有"防御"类事务都做到位了。

是时候甩开膀子开干了。何庭波跟徐直军通了电话，讨论这件事。她说："这天终于来了。"

徐直军说："是啊，你终于'转正'了！"

何庭波说："我想给海思全员鼓鼓劲儿。"

挂断电话后，何庭波就给人力资源部部长打了电话，说："今天晚上跟别的晚上不一样，你今晚要留个秘书值班。我会写份东西，到时候我给你们发过去。"在打电话之前，何庭波想了很多，"那时那刻"还没到"最后关门的时刻"——离 5 月 17 日的清晨还有 12 个小时或者 24 个小时。由于时差，中国的时间比那边要晚一点。何庭波依稀觉得一切就像是发生在 5·15 的晚上，他们还有时间，还可以干很多事情。那天她和业务相关的所有人都在加班。

何庭波一一交代着每个小组的工作——全球很多数据要先进行备份；跟供应商没交货的要交货；已经买了许可证的产品要装上，要赶在 5·16 实行另外一个政策之前，把能做的事情尽快做完。

她一边忙工作上的事一边写给员工的信，瞬间感觉过往的一切都涌入脑海中，包括近十年来，战略攻关沉淀的丰富细节及这些细节所构成的全景图。但一口气写完后，她感觉自己也没写多久，大概花了 40 分钟的时间。写完了以后，她将信发给早已待命的秘书。这封信里面没有说哪个芯片是怎么做的，鲲鹏内核到底是单线程还是双线程之类的专业事情，更没有任何技术信息。对何庭波来说，这只是泛泛而指的一封信，根本不是机密，所以她没有附带"不要转发、要保密"之类的叮嘱。这封信最后发给了华为内部员工，大概几千人。

何庭波一直忙到凌晨四五点才睡，没想到早上起来第一时间就被告知信的内容已经"全网都是"。何庭波惊问是怎么回事，完全想不出自己到底说了什么会引起"炸锅"，只能快速衡量当务之急要不要马上安排删帖，以平息事态。

其实正因为她没有叮嘱员工说这是一个保密的文件，员工也没有这个意识，所以一夜之间华为内部的"公开信"才被广泛传阅，很多员工，包括一些高管都看得热泪盈眶，他们当中的很多人受到何庭波这封信的鼓舞。

可是高层领导考虑这件事的立场完全不同：这封信在华为内部引发的是"热泪盈眶"，在外部引发的却可能是"涉嫌挑衅美国"。在外部环境中，那些时不时端一点架子做事、一副富三代模样的欧洲人或许还不往心里去，但聪明务实的美国人可能因此与华为"擦出火花"。此时此刻，哪怕华为表现得厄一点，也比刺激美国强。华为自己知道写信的出发点绝非挑衅没用，因为文章的传播速度太快了，巨大的影响力已经形成。

怎么办？对中国人，尤其是对华为人来说，此时再撤回这封信等于真的认厄，大家也不愿意真的认厄——不撤就不撤吧。

据说当时美国的商务部也看到了这封影响力甚广的信，他们倒是觉得这封信是在虚张声势。其实不只美国人，几乎所有同行、电子信息行业的人在看到这封信后，都觉得华为是在虚张声势。业内人士上上下下都觉得华为是在吹牛。

"电子行业 90% 的人都说这绝对是吹牛，每个人都在脸上写着'不可能，你没有高精度 ADC，没有 FPGA，没有通用处理器'，他们都认为其中至少有几样技术华为是没有的。但挑战他们认知的是，我们说服客户该用什么样的方案，为什么我们的 5G 基站能连续供应，说出口的'我们有的'东西都能展示给客户看。比如我说我有处理器，有天线方面的解决方案，这些东西我们真的在过去 10 年全都攒齐了。结果出乎所有人的意料。所以随着时间的推移，他们发现这确实是真的。美国历来是'依法执行管制'，几十年来屡试不爽。你看同时被列入实体清单的中兴元气大伤，华为却活得挺好，还活蹦乱跳，天天接受采访，到处宣传自家产品的销量还在增长；在遭受美国几十年技术管制的情况下，海思还实现了全面突围，所以美国肯定会发现华为商业可连续性运作的事实。如果现有法律不能遏制住华为的发展，美国很可能会造出一条专门针对华为的法案来。事实证明，随后美国商务部就使出更狠的招儿了。有时，我也在后悔这封信不发会不会好一点，但后来一想，这一天迟早会到来，现在不发的话，大家发现这一点可能会晚半年。"何庭波说，"华为的每个团队都很了不起！把 ICT 要使用的主芯片技术都拿下了。"但可惜的是，华为和全球众多无晶圆厂的芯片公司一样（除了英特尔），芯片都是委托代工厂制造的，自己没法直接生产。

或许，这段历史正成为中国工业基础迈向新时代的转折点。

回顾 2023 年的华为硬、软件工具誓师大会，华为轮值董事长徐直军宣布，华为基本实现了 14 纳米以上 EDA 工具的国产化，并计划在 2023 年完成全面验证。华为与合作伙伴密切合作，共同发布了 11 款产品开发工具，且所有产品线都已经转向了华为自主研发的工具。此外，合作伙伴和客户还可以在华为云上使用这几款产品。

在全球范围内，这类设计软件顶尖的只有 3 个，其中 2 个在美国，1 个在欧洲，然而华为却无法使用其中的任何一个，只能自行研发——这大概就是当年被制裁所带来的意外收获。

如今，中国的工业软件基础正坚定地朝着自主可控的方向发展。

立刻切到鲲鹏服务器

华为第六任无线产品总裁邓泰华说："5·16 对华为影响最大的是手机，因为手机对芯片的要求最高；其次是计算领域，因为计算是围绕着 CPU 的产业，如同英特尔、英伟达一样，它们都是围绕着芯片构建的生态。"

除了手机和计算领域受影响，谷歌也宣布停止向华为提供 GMS 服务。作为卡脖子的软件服务，在海外市场，除了谷歌 GMS，华为别无选择。GMS 的禁用，让华为手机在海外市场更加举步维艰。

5·16 还影响了华为商用芯片的获取——X86 不再提供支持，而华为原来的 IT 系统都是基于 X86 的服务器运行的，如果买不到服务器，有限存量将无法满足新业务的扩容。最糟糕的结果是，整个公司都会陷入停摆。

这一切只能倒逼出一个结果：华为原本自用的鲲鹏服务器"转正"成为必然，未来它可以构建开放的生态系统，给客户更多、更好的选择。

早在 2019 年 1 月，华为就宣布推出基于 7 纳米工艺的鲲鹏处理器，拥有 64 核，整个算力及其他各方面性能都越来越强。

"刚开始的软件跟硬件结合，在节奏上是非常没经验的。芯片出来的时候，还没有其他生态支持。"郭寒军说。从鲲鹏920开始，他们就提前做了相关的规划，也就是在芯片还没有出来时，郭寒军等人便已把代码都上传至主线。基本上确保芯片出来后，主线方面能支持。随后大概晚半年，下游的操作系统厂商在新版本出来时也能完成支持了。

那时候国内信息技术应用创新产业项目与中国移动的NFV（网络功能虚拟化）网络云项目的测试正式启动。华为想要用更强的产品来做中国移动网络云，但没有样品、测试设备怎么办？研发部长同其他几个负责人快速商议后，决定把实验室拆了，各拿一半的设备分别送测两个项目。

拆掉实验室？负责研发和测试的华为员工都对这个疯狂的决定感到十分震惊，因为这会儿他们连正常的研发测试环境都没有，而且刚生产出来的服务器需要跟海思一起进行芯片优化，也得测试，如果把实验室拆了，这活儿还怎么干？大家坚决不同意。

然而多年后来看，如果没有那天的"惊人"决定，也就不会有今天鲲鹏在政府、运营商行业的广泛应用了。

在华为决定将服务器切到鲲鹏后，鲲鹏服务器在华为内部就变成了"香饽饽"，大家开始疯抢。为了确保自己负责的产品的连续性，不少人直接扑到生产线上抢货，准备以最快的速度把新鲜出炉的服务器抢走。但很快大家发现到手的服务器在加工方面有点问题，原来服务器的生产良率需要达到90%才能生产连续，如果生产的良率是25%，就要停线查问题，可这会进一步导致生产效率低下。发现这个问题后，华为领导连夜给硬件芯片以及制造的同事打电话，第一是说赶紧的，大家攻关把质量和良率问题解决掉；第二是说万一良率没有达到 90% 也没关系，这些生产出来的服务器属于研发物料，不是供客户使用的产品。他们就以这样的方式将鲲鹏 920 拿到实验室，继续进行软件的调试。

美国对华为的极端制裁，就这样改变了华为对业务连续性的调整，也改变了国内外很多企业的预期。随着鲲鹏 920 的诞生与应用，亚马逊、苹果等企业也开始自己搞服务器。这让一向在服务器领域稳若泰山的英特尔感到了隐隐的不安。

鲲鹏团队：好像在经历很伟大的事情

5·16 发生时，鲲鹏团队的第一感觉是"神经病吧，这么玩是不是太夸张了"。但事实是，这个影响是广泛且强烈的，团队很快意识到自己"该买的不能买，该有的不能有，到自力更生的时候了"。

然而他们没想到，更魔幻的一刻也已随之而来。

在 2019 年 5 月 16 日的前一晚，鲲鹏芯片团队还在跟外籍专家一起吃饭，吃着吃着就发现事情不太妙：占据重要位置的外籍专家表示要马上从鲲鹏芯片团队中退出，随后第二天就见不到面了，甚至至今也没再见过；合作的协议组织也表示收到协议，说不能再跟华为交流了；华为与 Linaro 社区的沟通瞬间停滞，Linaro 的邮箱被直接停掉，Linaro 很多的账号权限也没了（过了一年多才恢复）。此外，华为还有部分架构的定义在美国……

一切的停摆、不告而别，都预示着华为要自己全部从头开始创造的时刻真的来临了。

在经历短暂的慌乱后，鲲鹏团队仔细梳理业务，发现 5·16 其实对今年甚至明年的交付影响不大，只是未来的路要靠华为人自己走了。当务之急，是要思考如何结合整个公司去制定更先进的协议，要怎样做才能让华为引领未来。

在此之前，哪里会有人提前这么久去看下一代的事情，但5·16正在逼迫所有的人去看更远的未来。

鲲鹏的转正对鲲鹏芯片团队来说可谓"守得云开见月明"。其中一位老员工说道："我们还是会确保跟合作伙伴共赢。反正又不是少了谁不能活，有什么好怕的，说干就干呗。反正我没有担心过，如果领导再问我，我还是会回他15年前那句话：我现在信心爆棚。"

为庆祝鲲鹏转正后的新生，负责鲲鹏的团队还特意开了庆功会，说要甩开膀子干，让鲲鹏920快点出来挑战世界巅峰。那时，大家都认为鲲鹏920已经是有资格闪耀登场的"技术骨干"，而不是"备胎"了。团队心里的气憋了10年了，10年来那么多人的付出足够磨一剑，熬出头的感觉让大家都特别开心。

而在十年磨一剑的苦干中，华为与外部的相关供应商也磨出了"革命感情"，不少人在5·16事件发生后给华为人送来了鼓励和感动。

5·16事发当天，鲲鹏芯片后端封装和设计团队的一位成员正要去中国台湾地区出差，看到这种情况就非常担心自己还能不能去台湾。他给领导打电话询问，领导直接反问他："你手续全了吗？"他回答说："手续全了，应该没什么事吧？"领导说："以前没什么事，经过今天之后，你觉得还能没什么事吗？反正少说话吧。"

当时的气氛已经很微妙，让鲲鹏团队感动的是，所有供应商都是先谈业务，再谈 5·16 的事儿，最后都还补一句"没事儿，我们一定支持你们"。有几家供应商还"相互攀比"对华为的支持。

第一个站出来支持海思的供应商就略带骄傲地说"支持海思，我比谁谁都早"。这些支持的信号，就像给华为团队吃了一颗定心丸。

鲲鹏团队的人还回忆说，自己事后去台积电出差，台积电的人问中午要不要一起吃个饭，他们请客。虽然此前他们和华为人很熟，但平常华为人对跟供应商吃饭这种事都是尽量推拒，这次照例说不用了。台积电的人开玩笑似的说："你知道台积电都多少年没请人吃过饭了吗？"只有低谷中的人才能感受到这种支持的温暖，也只有危难中，才知道真情在何处。

华为高级产品经理王晨说："供应商如此支持华为，让我们感觉自己好像在经历一件很伟大的事情。"

没多久，徐直军在第一届鲲鹏产业峰会上正式对外发布了鲲鹏的产业策略，鲲鹏正式走向产业化。

鲲鹏作为一个重量级的"备胎"项目，以前很少被大众关注，因为品牌的影响力需要时间的积累。鲲鹏早在 2014 年就已问世，但是真正大规模量产的时间推到了 2019 年下半年，所以 5·16 距离鲲鹏真正推广的时间也就只有短短半年。

芯片品牌也存在推广周期短的问题。芯片品牌化做得最早的是英特尔，一听名字，就知道它已经存在记忆中很久了。而在中国，芯片品牌要想做起来，至少需要持续三到五年的推广时间。如果鲲鹏也能有足够的时间推广和积累，相信华为鲲鹏这个名字早已非常响亮。

服务器操作系统团队：真正上战场时，内心反而是一种前所未有的平静

与鲲鹏团队一样，华为服务器操作系统团队也经历了一段艰难的时光，长时间以来一直充当着"备胎"的角色，团队和产品很难体现自身价值，大家辛辛苦苦做出来的工作成果，也给不了他们什么成就感。

在公司内部，服务器操作系统团队常常会听到不少类似"你们到底给公司提供了什么价值"这样的苛责；在公司外部，国内外的企业都对华为能否把 ARM 服务器做出来持怀疑态度，所以整个服务器操作系统团队从 2016 年到 2018 年都表现得很不稳定，大家都比较压抑，人员流动率高了，整体增加的人数少了，大家的斗志都差不多被消磨干净了。很多人都在想：天哪，算了！

5·16 后，整个公司就像是被点燃的冬日篝火，各团队开始快速地为切换做准备。未来会怎样，谁也无法预料，然而任正非在 2019 年接受 BBC《故事工场》纪录片采访时，说过一句让人深思的话：未来发生的事

情，只是像"眼镜蛇"一样摆动，只要看到世界变化，不断跟随，变得快一点，就不会被时代甩掉。

在整个过程中，服务器操作系统团队的心理状态其实没有像外部人评论的那样"都慌了"，因为他们在此之前已经有了很多的铺垫，团队知道连续性的难度不是那么大。"备胎"的准备工作也让华为在应对危机时更有底气。

尽管真正上战场时，大家表现出前所未有的平静，但在这种平静下面，似乎有着另一种汹涌澎湃。这股力量或许是团队的坚韧不拔，或许是他们内心深处的自信和使命感，正在悄然崛起，为华为的未来注入无限的动力。

重新看待操作系统

中美都是大国，中国也有类似谷歌、亚马逊这种大公司，大公司一般都会自带一堆工业界的需求，这些需求本身又会去推动基础软件的创新。中国的支付宝、微信这些支付方式之所以比其他地方都先进，就是因为应用层面的创新在中国市场已经蓬勃发展。

可是，即便中国有足够强的学习能力、模仿能力以及工程能力，如果未来要进行改进或提升，中国依然会因为原创性不足而与外国产生差距，所以中国大量的应用公司需求需要从另一个角度来推动基础技术的发展。

2019年开始打造鲲鹏生态时，华为对"欧拉"的定位还停留在"服务于鲲鹏服务器的操作系统"。当时华为手上已经有了两个大的操作系统，一个是"鸿蒙"，另一个是"欧拉"。两个操作系统要实现全覆盖，按原计划是手机侧和手机强相关的设备装"鸿蒙"，其他的装"欧拉"。

这时的华为在工业界用的基础软件已经达到世界一流水平。在芯片制造没有被限制的时候，华为已经意识到X86"不行"了，便陆续抛出了鲲鹏、昇腾。然而鲲鹏、昇腾只是芯片，客户购买的前提是鲲鹏和昇腾之上的应用也能跑起来，这就需要有相关的操作系统和数据库支持。在这样的情况下，华为开始考虑自己的操作系统不能只是自用。华为虽然没想过要拿欧拉操作系统卖钱，但它还是被历史重重地推进了鲲鹏战略的闭环里。华为对"欧拉"的定位发生了调整：从原来的服务器操作系统转为一个全场景的操作系统，全场景主要是从服务器扩展到嵌入式。

如果说云、边缘计算属于广义上的领域，相对来说比较容易扩展，那么嵌入式就属于"质变"了。因为服务器和嵌入式一向是"井水不犯河水"，服务器的一套系统可以进行广泛适配，而嵌入式需要定制化，导致每个嵌入式在硬件上碎片化得厉害。

未来"欧拉"要干的事，是实现一个操作系统从服务器到嵌入式的全覆盖，这种里外的需求都推动着华为去做全场景应用。华为希望"欧拉"不仅支持鲲鹏，也能支持 X86、边缘计算、云基础设施和嵌入式设备。

从逻辑上，我们可能会问："'欧拉'能支持鲲鹏就足够了，为什么还需要搞开源，支持英特尔以及其他的处理器呢？"张国盛从全栈生态角度做出分析，并指出这里其实涉及两个不同的问题，这两个问题需要有对应的两个不同的"人物设定"。"在开发'欧拉'时，我们是站在操作系统的角度上，必须跟南向的 CPU 和各种处理器保持亲和，这样的操作系统才能获得最广泛的应用。再回到鲲鹏的视角，作为一个处理器、CPU 的制造商，我们应该对每个操作系统都保持亲和对吧？因为当你的操作系统部署到服务器和整机上时，你无法确定部署在上面的操作系统是 a、b 还是 c，所以应该确保跟每一个操作系统都亲和兼容，保障每一个操作系统用了你的处理器，或者每个操作系统装在有你的处理器的服务器上，装在你的产品上，都能够跑出好性能。因此，此时的操作系统和服务器的人设是不完全一样的。"

由此，"欧拉"被进一步定位为"面向未来的数字基础设施操作系统"。华为对"欧拉"进行了新的定位和解读，是为了构建整个社区和提升整体竞争力。"欧拉"需要支持多种芯片架构的技术路线，兼顾广泛的硬件兼容性和软件生态的兼容性，同时还要能够展现华为、鲲鹏和昇腾等产品的独特贡献。再加上本应与鲲鹏生态共同成长的"欧拉"，因为2020年突然发生的5·15事件，重要性再次升级。

在这种情况下，需要"既成事实"才能成就大业的软件生态不能等、不能停，不管芯片有没有，充足不充足，软件必须先做成一个"大家都接受的东西"。只有这样，等到芯片制造恢复的时候，已经属于自己的软件生态才可以让芯片平滑地上来。

至此，被重新定位的 openEuler、openGauss[①] 软件的生态开始担负起稳固华为大后方的重任。

---

① openGauss：华为的一款企业级开源关系型数据库。

国家战略层面，操作系统需要共享的根技术和根生态

对于 IT 栈里无处不在，处于计算机软件栈最底层的操作系统，政府侧、产业界在这两三年中不约而同地开始关注"异构同源"的问题。异构同源操作系统的特点是：针对不同 CPU 架构，在操作系统层实现应用接口统一。

为何会提出这个问题？因为国内操作系统厂商的上游社区版本各不一样，有的是基于 Ubuntu，有的是基于 Debian，构造出来的商业发行版之间存在较大的差距，操作系统厂商只能以自己的版本为基础去构建自己的生态，也就是版本生态。例如，统信软件基于统信软件产品版本做生态；麒麟软件基于麒麟软件产品版本构建自己的生态，包括 CPU 适配了多少，打印机适配了多少，扫描仪适配了多少，对外还去适配今天的金山 WPS、永中 Office、数据库等。技术人员很容易发现，在这些重复的适配工作中，有 80% 是生态共性问题。

甚至，有的企业会同时发行好几个版本，这些版本会乱到连自家的版

本都不兼容。在这种割裂的情况下，整个产业很难基于某一家的操作系统产品来构建统一的国产操作系统生态。

其实在一个好的生态逻辑下，各个操作系统厂商本来就是做服务的，应该对不同行业里的应用软件进行前期适配。而且这样做的好处是，操作系统厂商的一些公共的技术、创新成果也都可以贡献、上交到公共社区里。可是现在很多的公共技术创新都捏在各个厂家手里，被当作竞争手段使用，很难沉淀和贡献到一个共同的地方。

湖南麒麟信安总裁刘文清就曾说过生态共性缺乏的弊端："对中国操作系统的发展效益和效率而言，这些重复适配的工作就像高速路上浮着的一层沙子，一阵风刮过就没有了。你看咱们党政办公的项目，应该说花了挺大的成本，也取得了不少成绩，但在基础方面还有一些值得总结、提高的地方。因为它沿用之前的那种模式，一直没有与用户使用体验形成共振，还是基于操作系统版本去做一些无根的事情。缺乏一个公共的承载平台，确实很难固化沉淀特别有价值的创新。如果站在国家战略上面，有一个公共的根生态，公共的根技术，能把这些生态、创新技术沉淀到根社区里面去，对中国操作系统的持续发展应该是非常有价值的。"

如果有一个根技术，一个统一的操作系统生态，就可以集中到一起形成公共生态，每个企业都会更集约、高效。在中国想自己做根社区的企业不在少数，统信软件、华为、麒麟软件、阿里巴巴、腾讯等都有对中国的自主 IT 做出贡献的志向。但大家的发展基因以及未来诉求不一样，在根社区一事上并不能"想做就做"。

事实上，根社区也只是生态中的一环。基础软硬件产业链非常庞大，除本身参与的厂商外，运维和服务人员、二次开发、开源社区、基于生态的软件应用等都是重要的参与方。在如此长的反应链条中，只有华为的"欧拉"，无论是投入、理念，还是实际效果，都已经在产业界有了好的势头，大家认为它未来占据70%的影响力不成问题。有了"欧拉"根社区做上游的技术收敛，剩下的，只需要大家集中做一件事——改变原来每个厂商基于自己的版本各自做生态的方式。

所以大家围绕"欧拉"达成了一个共识：国内主流的操作系统厂商，包括麒麟软件、统信软件、麒麟信安、超聚变、中科方德、普华基础软件等，基于"欧拉"做发行版应该是一个很不错的选择。

有了公共生态，未来"欧拉"就可以把更多的精力转移到优化服务，提升客户服务，以及挖掘行业客户的潜在价值上，从而实现更大的商业价值。

国内的服务器操作系统的技术圈不大，胡欣蔚、熊伟这些曾在其他公司工作过的人加入华为后，可以快速召集国内过去二三十年专攻服务器操作系统的专业人士。这些人对技术充满渴望，没什么个人私心，虽然来自不同的公司，但每个人纯粹是为了做操作系统而来，所以大家很容易就把精力放在让技术运转良好这方面。这成为"欧拉"基因里极为重要的技术先决条件。

通过这样的团队组合，聚拢这些人才，华为终于可以开始打接下来最重要的一场硬仗：大家不是在做一个简单的操作系统产品，而是要做一个统一的国产操作系统生态。

151

CPU 的"战国时代",激发计算产业的生态革命

在大家热议操作系统领域异构同源问题的同时,作为计算产业重要组成部分的 CPU 领域也开始悄然异动。中国多年来一直在推国产 CPU,虽然有了群体性的突破,但是中国的 CPU 企业的市场份额都太小,包括飞腾、龙芯、兆芯等在内的市场份额占比仅有 1%,竞争力太弱,可以说整个数字中国的计算基础,是 X86 架构一家独大。只有当中国出现一家 CPU 企业的市场份额占到 40% 以上时,整个中国计算的底座才可以在此基础上建立。

有一年春节,刘文清去北京做业务汇报,正好碰到部委领导问他对欧拉操作系统的一些想法。其实领导在根子上关心的是中国自主构建第二计算平面到底该围绕哪个基点做。"计算平面"的意思就是集合整机、软件系统、运维服务在内的生态系统。强大的 X86 被称为"第一计算平面",那么自主构建第二计算平面,就是为了不依赖 X86,让计算产业有拓展和升级的新方向,让大家有新的选择。它可以理解成"新计算技术"。

不论是异构计算，还是迎接多样化的计算时代，各种说法的最终目的都是让开发者有一个新的选择，整个中国的计算底座不能基于 X86。

2020 年，华为就开始着手构建中国第二计算平面。这无异于在中国掀起了一场计算产业的生态革命。

刘文清当时回答领导说："如果这个时间停留在 2018 年，我的观点肯定是用 CPU 作为基点。西方的计算体系之所以做得很成功，就是因为有英特尔的 CPU 占据市场的垄断地位。英特尔是一个绝对的根，是 IT 的根，基于英特尔就会汇聚相应的操作系统、数据库、中间件，它的技术架构和生态体系建设就非常高效。英特尔的根可以说是唯一的根。"

其实在 2018 年的时候，大家也曾对鲲鹏寄予很大的希望。可由于华为进入了美国制裁的"实体清单"，2019—2020 年鲲鹏 CPU 的生产受到限制，鲲鹏的产业地位没有达到预期。直到今天，中国的 CPU 产业还处于"战国时代"，在鲲鹏、海光、飞腾、龙芯、兆芯、申威等 CPU 品牌中，没有一个绝对的龙头，所以想围绕一个有绝对优势的 CPU 来做生态的快捷路径就没有希望了。

既然没有在市场上领先的龙头 CPU，中国自主第二计算平面的生态建设该怎么办呢？只能往上走一点。IT 栈里往上一层就是操作系统，那么基于操作系统来做统一生态就成了当下最优的选择。

这是"欧拉"被领导问及的重要原因。

"中国市场没有能够准确统计出我们的国产操作系统产品占国内市场多少份额的报告。目前红帽、SUSE 在中国的市场份额应该比较大，但是红帽、SUSE 的市场份额实际数据很难获得，再加上免费使用的 CentOS，相比于国外产品的竞争，国内重叠覆盖的政策市场比较多，操作系统厂商之间的竞争还是狭隘的，还没有形成良性的竞争。"刘文清说，"另外，这几年操作系统工程师的身价激增得一塌糊涂，一些工程师在行业内跳来跳去，让这个行业虚火很旺。但现在好多了，整个行业越来越理性，很多企业都能感受到中国的第二计算平面的自主体系越来越扎实。"

新方向一产生，虚火就旺的产业怪象在中国已成常态。刘文清想起 2019 年到 2021 年，那时候中国各地都在搞所谓的信创产业，打造信创高地，政府也拿出钱来引导企业去做这些事。但经过三年的发展，实际情况可能没有达到政府想象的增值点，也没有达到预期的产业效果。

当下国内的操作系统市场巨大，放眼望去，有很多的空间可以做。厂商之间如果能够通过客户价值、服务专业性和高效性去形成良性竞争，那对中国 IT 自主可控事业的确是好事。在开源软件的模式下，中国不太可能像微软那样有闭源架构，也不可能重复微软做的事，所以国内的操作系统厂商会越来越理性，不会再盲目地增加多少人，他们都会根据市场需要做调整，大家会更务实一些。

此时的鲲鹏、昇腾、"欧拉"等，已经成为华为自主第二计算平面生态战略中的重要组成部分。而开源已经成为未来技术发展重要的战略考量，是实现数字业务规模化突破性增长的关键。数字经济之战，已经成为开放精神驱动下的平台之战。

154

对于一直立志要做 ICT "黑土地" 的华为来说，未来两到三年可能会是市场格局形成的最后窗口期，加速软硬件对开发者的开源和对接速度，已成为重中之重。

第九章

宣布开源，「欧拉」新的道路选择

遭遇地缘政治的狙击，华为就此发现了自己强大背后的真正软肋：一方面，华为自身没有真正的生态主导权，否则制裁华为就是制裁整个生态；另一方面，整个中国也没有真正的生态主导权，因此关键时候中国也没有得力的帮手。这两大软肋，映照出过去30多年，中国高科技在高歌猛进的同时，存在着重大的战略失误。

华为以这种方式认识到了生态的重要性。只要中国没有几大核心产业的生态主导权，每一个中国企业就都可能成为下一个华为。尽管今天中国几乎每一个重要的高科技企业都在以生态为目标，但是真正从最底层根子打造出来的产业生态，几乎还是空白。数字时代大国博弈的制高点，不仅仅是单一的核心技术突破，更是生态的突破。而华为，义不容辞。

在打造生态的道路上，华为也是新手，但是华为为了这一天已经准备很多年了。从一个强大的产品型基因的企业，转型为一个从根社区起步的生态型企业，华为要迈过的，不仅仅是技术关、产品关和人才关，更重要的是文化关。

因此，华为计划基于计算战略，将"欧拉"的生态竞争力做出来。然而华为不可能独自生存在这个世界上，所以华为除了自救，还要帮国家做产业基础。华为希望通过"欧拉"，把中国所有的开发者都聚焦到中国开源根技术上来，一起把这个平台做得更加成熟，构筑多样性算力统一生态。

这一次，华为内部的杂音消失，全公司"换了个活法"，在战略层面上一心一意地发展软件。

开源这一颗已在华为内部生根发芽的"种子"，预备破土而出。

开源的机缘与历程

2019 年，美国一家名为 a16z 的投资公司发表了一篇关于开源商业化的重磅文章《开源：从社区到商业化》，这篇文章至今被奉为开源界的经典。

a16z 是一家顶级风险投资公司，以强大的行业网络和积极的投资策略而闻名。这篇文章把开源历史分为 3 个阶段：20 世纪 70 年代左右的开源 0.0——"免费软件"时代；20 世纪 90 年代左右的开源 1.0——技术支持与服务时代；2000 年左右的开源 2.0——SaaS & 开源内核时代。

就在 2000 年左右的 SaaS & 开源内核时代，微软当时的 CEO 史蒂夫·鲍尔默（Steve Ballmer）在一次演讲中公开称 Linux 为"癌症"。这个称呼足以反映出微软身为闭源商业软件公司，对开源软件的对立情绪。开源软件的代码公开可见，还能自由修改，用户可以自由使用和分发。这种开放技术带来的自由特性，必然对以封闭方式开发的商业软件造成销售和盈利能力的威胁，也必然对微软造成不小的压力。

但是，开源趋势无可抵挡。现在，微软自己也使用开源的技术栈，还重金投资贡献开源项目。a16z 预测，下一代的开源明星公司很有可能是从大型科技公司，而不是学术研究实验室或开发者的车库创业公司中诞生。

当然，从大公司到学术界，开源项目可以从很多地方开始，开始的地点没那么重要，最重要的是有个项目领导人来推动项目建设，而这个项目的领导通常会成为商业社区的 CEO。

谈到这，或许已经看到华为当时对于前沿技术的眼界高度和思维方式。华为站在开源历史与未来的交叉口，去判断开源的未来。开源只有一个方向：向前走！

2009 年，华为组建了第一个开源部门。当时，华为究竟有哪些产品涉及开源软件，或用开源到什么程度，他们自己都不清楚。但既然是在干技术趋势上的事，那就克服困难！

没有管理和统计数据，又想弄清楚开源，可能最有效的办法是找到一种工具，用于扫描和识别开源软件代码，不然搞清楚上十亿行代码是一件很痛苦的事。

当时华为的工具部负责找软件，引进工具和应用推广、系统集成等工作。工具部的员工便找到了黑鸭软件（Black Duck）。在购买和引入黑鸭软件后，华为对其数据进行了扫描，这也让领导们震惊不已——黑鸭之所以能进行代码行的相似性比对，是因为它背后有海量的数据支撑，和论文查重的逻辑几乎一模一样。这跟他们之前的理解和认知偏差非常大。

在黑鸭的助力下，华为做了一次统计分析，发现机电交换机整个产品的代码里有 30% 左右源于开源软件；IP 类设备，如企业用的服务器中间件产品和设备软件，有 70% 左右是开源软件的代码。这清晰地显示了开源软件的重要性。而开源软件是由社区开发、社区维护的，所以它的周期相对偏长，在将开源软件应用到产品的过程中，一旦产品遇到 bug 或漏洞，由于对下游客户有 SLA（服务等级协议）承诺，开源社区需要在很短的时间内闭环解决，所以开源社区的维护就不能直接满足面向下游产品的需求，中间这块儿就产生了缺口。

当时华为成立的开源部门的核心职责就在于解决这个问题：要用一定规模的人力把软件的安全漏洞和维护生命周期过程中出现的问题解决掉。

开源文化在中国的落地还待捅破窗户纸

从科学史的角度考察，开源的历史可以说源远流长。早在 1665 年，著名的杂志《哲学交流》（这是世界上现存最为古老的杂志，世界很多科学家的重要成果都在这本杂志上发表过，比如牛顿、史蒂芬·霍金等）在其创刊号上就提出了关键科学原则，其中就包括常规的技术和成果的分享，让其他人可以基于其基础继续发展。这是开放科学的核心精神，开源正是基于这种核心精神应运而生。

事实上，开源运动于中国，早已经不是新事物。

20 世纪 90 年代后期，以 Linux 为核心的桌面操作系统浪潮形成了第一轮开源高潮，几乎与欧美同步，中国政府也出台了一系列政策。但是桌面操作系统领域迄今没有实现真正的突破，也没有出现红帽式的中国企业。而后，随着大数据的崛起，开源超越技术和产品层面，开始深入各行各业之中。近乎 30 年的时间，无数的企业前赴后继，热闹不绝。到今天，中国参与开源的程序员数量已经非常突出。全球最大开发者社区 2021

年度报告显示，按照地区或者国家来划分，全球总开发者数量中，美国共有 1355 万多人；中国共有 755 万多人，全球排名第二，且未来人数还会持续上涨。

倪光南院士也认为，当今世界上，"开源"（即开放源代码，开源软件）已成为全球技术创新和协同发展的一种模式，以及新一代信息技术发展的基础和动力。开源更是开放科学的核心精神在信息领域的体现。

基于开源的各方面应用也非常广泛，比如 Linux、Apache 和安卓等软件和产品。它早已成为商业软件的主要成分，深入各行各业，发挥着基石性的作用。美国新思科技公司的《2020 年开源安全和风险分析》报告（OSSRA）研究了由黑鸭软件审计服务团队执行的超过 1250 个商业代码库的审计结果：2019 年审计的所有代码库中，99% 包含开源组件；在 17 个行业中，有 9 个行业的代码库 100% 包含开源组件；开源成分在各行业代码库中的占比为 46%～83%，行业越新，比重越大；总计开源成分占到了被审代码库的 70%。

2011 年，互联网先驱人物马克·安德森在《华尔街日报》专栏撰文，提出"软件吞噬世界"的观点。而今天的开源界正在验证这一观点。开源正在全面吞噬软件，成为各行各业数字化转型和创新变革的重要力量。但中国依然没有出现明星级的产品和项目。像 GitHub、红帽等西方开源公司都已做到上市，创始人都已是亿万富翁；而中国的开源，热闹却没有诞生领导者，应用广泛却没能冒出成功的商业企业，更没有出现类似 GitHub 这样面向开源的引领性的托管平台，与中国互联网企业在全球互联网领域取得的成绩形成强烈的反差。

这究竟是为什么？这也是来自开源领域的时代之问。

中国的科技工作者其实很有激情、有才华，也有兴趣。在西方公司里做到行业第一的风河公司，其产品其实都是中国人做的，但同样一批人，在国内却做不出这样耀眼的业绩，就因为他们缺乏平台、产业链等支撑。

当然，最核心的原因，是大家对于开源的商业逻辑梳理得还不够清楚。国内大部分的企业，包括华为，初期讲到开源时，甚至会认为这是一种"雷锋行为"，觉得国外开源做得好是因为国外的"雷锋"多，而国内开源不行是因为奉献精神不够。造成这种观念的根本原因在于：大家还不明白，看上去"无私奉献"的开源并不是由彰显情怀，展示自己技术能力的行为构成的，它背后一定存在商业利益和商业逻辑的支撑。

如何用商业支撑开源呢？国内的开源界又进一步犯错，流行一种叫"KPI 开源"的做法，意思是很多大公司开源的目标主要是为了完成自己的绩效。这个说法表明国内很多开源项目并没有真正的商业逻辑支撑，必然会演变成"只开源、不维护"的烂尾工程。

这些错误足以提醒中国开源界去开源的起点看看，去开源的高峰期看看，去国外成功的开源公司看看，它们都指向一件事：开源只有具备了商业逻辑，才能在平台层面得到战略支持，才能有开发团队、运营团队、商业支撑团队，也才会有市场宣发行为的发生。

中外开源成绩的差距，促使中国开源产业反思，并真正形成新的共识：它是一项需要非常大的投入和长时间坚持的事业。

由此可见，开源在中国的落地开花始终还是隔着一层窗户纸，这种隔阂不仅仅在产品和技术层面，更可能是一种开源文化的无形屏障。

而这一层屏障的打破，可能就等着华为的全力出击。中国开源的新局面，注定会从"欧拉"开始。

英特尔成为推动中国开源软件发展的中坚力量

在中国，推动开源的力量已经慢慢地蔓延到整个产业界。没想到，英特尔竟然成了推动中国开源软件生态发展的一股中坚力量。

英特尔的开源软件团队一直是低调的存在，虽然是非营利部门，却是一个藏龙卧虎的团队，里面有各路软件高手。

作为一家专注在半导体领域的硬件公司，英特尔通过近2万名软件工程师的投入构筑了强大的软件生态，不断孵化开源软件，创造出丰富的应用场景。当大家都还认为开源是免费的时候，它已经通过开源软件在客户端创造了X86庞大的使用场景，源源不断地为X86架构提供新的市场需求。它就是这样通过构建软硬结合的强大计算生态，释放CPU的澎湃算力。

所以，尽管英特尔号称自己是全球三大软件公司之一，但是它实际上并不依靠那些投入大又不赚钱的软件，而是通过开源这种方式去缔造X86架构上的一个会自我生长、自我循环的生态，推动X86生态开启全新的云计算时代。

作为开源先驱，英特尔已经把开源这个"产品"做成了一个出神入化的商业模式。它很早就将开源的生命周期定义为三步：第一步 source available（源码可用），第二步 open source（开放源代码），第三步 open governance（开放治理）。

可以说英特尔是开源战略的最佳实践者，也是开源商业模式的最大获益者。英特尔对开源的部署，揭示了如何利用开源创造巨大商业价值的真正奥秘，也为华为日后的开源路径提供了最佳样本。

梁冰，曾供职于英特尔，如今作为华为计算产业开源与生态营销专家，已经是"欧拉"的重要推手之一。

梁冰主导的团队曾在 2015 年接手 OpenStack 项目，OpenStack 是指 2010 年由 NASA（美国国家航空航天局）和 Rackspace（一家云计算服务提供商）联合发布的 OpenStack 项目，旨在建立一个开源的云计算平台，为公共云和私有云提供基础设施服务。这是梁冰加入英特尔后接手的第一个项目。当时在公有云已经占据主流的国际环境下，中国的私有云份额仍然强势地占有半壁江山。但梁冰发现，用百度搜索 OpenStack，除了看到一些技术版本内容，根本看不到一个相关的案例。让 OpenStack 在中国的云市场成为主流技术路线，将它发展成中国云计算的事实标准，是她接手这个项目后最想干的事儿。

2015—2016 年，梁冰在中国发起开源黑客松，有目的地去邀请华为、阿里巴巴、腾讯、百度、中国银联、中国铁路、中国移动这类大企业。这也是她首次引导构建一个开源的技术圈，并积极推动这些大厂参与国际开源社区的交流。在这个过程当中，英特尔起到了非常积极的作用。这个圈子的成员日后也成为贡献中国开源的主流厂商。

而身在英特尔的梁冰在和包括华为在内的国内厂商打交道的过程中发现，华为是最早有"不仅要使用开源，更要贡献开源"意识的企业。这也让梁冰看清楚，只有华为才有可能带领国内厂商融入开源社区，贡献开源社区，成为中国开源技术的主导方。

英特尔不仅在早期就关注到了华为对开源的嗅觉，更是在"欧拉"宣布捐赠后的第 13 天，便与欧拉开源社区签署了 CLA 贡献者许可协议，宣布加入欧拉开源社区。已是欧拉开源社区理事长的江大勇认为，全球企业加入欧拉开源社区应该是大势所趋。因为"欧拉"在最初成立时，就定位为最好的支持多样性算力的操作系统，打造最好的开源社区。英特尔公司的加入，意味着"欧拉"的开放性与专业性获得了国际主流企业的认可。

让 OpenStack 成为主流技术路线

梁冰曾服务于 263.com、IBM、英特尔等公司，工作生涯跨越了 IBM 个人电脑巅峰时代、IBM Power 全栈闭源的小型机独占鳌头的时代和英特尔 X86 服务器牵引的开源云计算时代。结合 20 年的 IT 行业营销以及开源生态发展工作的经验，梁冰策划了推动 OpenStack 在中国取得成功的三件重要的事情：第一，大量发布 OpenStack 案例；第二，构建 OpenStack 的顶级用户技术生态；第三，推动 OpenStack 在中国的峰会。

OpenStack 最早只能部署 200 多台服务器，但初次合作的中国移动一开口就要部署 1000 台以上的集群，以支撑全新的私有云数据中心。英特尔的中国技术团队成功地把 OpenStack 部署到这 1000 台服务器上，并将性能从百分之五六十调优到百分之九十多。这个技术的突破直接推动中国移动苏研云中心建设的步伐。此后，中国移动和英特尔联手把这个技术的突破写成技术白皮书，并公开提交给 OpenStack 基金会，在全球进行推广。

正是因为中国公司在技术上的不断创新，梁冰成功地推动中国移动、百度、腾讯连续三年拿到 OpenStack 社区的全球超级用户大奖，OpenStack 的优秀案例就此达成。此举不仅在全球构筑了中国技术团队的影响力，也在国内形成了非常好的示范效应。

OpenStack 在中国市场的商业成功和广泛应用，也让梁冰深刻体会到开源的魅力：开源可以在如此短的时间之内，催熟一个技术并获得商业成功。而英特尔是这出商业大戏背后最大的赢家——OpenStack 的快速发展加速了中国云市场的发展，也加速了数据中心的建设，最终加速了中国市场对英特尔 CPU 的采购。

将基金会的峰会引入中国这一目标也非常具有产业意义，梁冰想通过引入基金会，让外界注意到中国市场的活力、创新力和增长速度。过去，基金会的峰会虽然每年都在全球举办，比如上半年的会在欧洲，下半年的会就在北美洲；上半年的会在亚洲，下半年的会就去大洋洲，开会路线弯弯绕绕，但就是不来中国。

他们不来，梁冰就决定组织中国自己的开源开发者峰会——OpenStack China Day。一场峰会有 2000 人参会，地点选在国家会议中心，每场大会开支几百万。如何组织？如何筹集费用？梁冰等人决定用开源的方式来筹备这个大会。

之前通过组织 Meetup，和黑客松已经聚集了中国 OpenStack 的主要用户和 OSV，现在用开源的方式办会：赞助规则可以由大家共同制定；费用由大家共同支出。梁冰还成立了一个 30 多人的志愿者小组，由产业链相关的公司参与报名，一起分担筹办工作。她回忆道："当时每周拉着志愿者小组开会，每个人来自不同的公司，有不同的经验，大家都是凭着对开源的一腔热情，各自承担自己擅长的工作，比如草拟赞助合同、大会主论坛策划、展区规划、报名注册等。"到现在，梁冰回想起那段经历依然觉得很有意思。大家来自不同的公司，却像一个团队一样工作，这也算开创了以开源方式办会的先河。

很快，以开源方式举办的大会聚集了英特尔、华为、腾讯、中国移动、中国联通、中国电信，还有 OpenStack 的"四小龙"等在内的知名公司。基金会还赞助了 5000 美元。

梁冰在中国推动了三届大型 OpenStack China Day，到第二年的峰会时，仅线下参与人员就有两千多人，线上已经多达三四千人。看到每届参会人数都在 2000 人以上，基金会才觉得"真的该来看看中国的市场了"。

2018 年，当第三届大型 OpenStack China Day 举办时，基金会的全球峰会正式进入中国。大会的顺利召开不仅点燃了 OpenStack 的市场热度，也点燃了开源在中国的热度，更是推动了中国头部企业和各个大厂对于开源的战略投入。

基金会的管理层这回悉数到场，全方位地了解国内的开源现状——用户的实践、技术的创新以及开源的办会方式。梁冰顺势把中国的用户和厂商推到了基金会的前台。

虽然在基金会看来，这是一场中国区的开发者大会，但是很显然会议的规模和参会的用户级别都是顶级的。而国内的厂商也是第一次如此近距离地接触到基金会的管理层，了解到基金会的定位是为开发者和厂商服务的。梁冰说："记得当时我们在大会上有现场演示，还邀请基金会主席Alan Clark 参演了一出情景剧，让他扮演清洁工来把电源断掉，然后看演示如何继续。大会还设计了为黑客松的工程师举杯庆祝和自拍的环节，让所有的参会者都感受到有容乃大的开源精神，也体会到别样风情的开源文化。"

梁冰在英特尔从事开源工作的经历，可以帮我们进一步了解开源软件的底层运作机制。OpenStack 在中国的发展，也孕育了中国第一批开源人才。三五年之后再来看，活跃在各大厂的开源人员很多都是来自OpenStack 这个圈子。

事实上，华为早在 2012 年便加入了 OpenStack 基金会。当时在全球号称前三的开源社区、开源基金会里，第一大是 Linux 基金会，第二大是Apache 软件基金会或 Eclipse 基金会，第三大便是 OpenStack 基金会。

华为交了 20 万美元加入了 OpenStack 基金会，并于次年升级为黄金会员。基金会对华为来说很神秘，华为能想到的利用好基金会的方式，就是一边了解 OpenStack 基金会，一边通过招兵买马在圈内树立影响力。

华为加入 OpenStack 基金会后，李永乐第一次参加的峰会是在东京举办的。他回忆当年的情景，说那简直是他见过的史上最棒的 OpenStack 峰会，2 万多人的大阵势显得非常夸张，峰会疯狂了整整一个星期，好像整个世界都是 OpenStack 的。

OpenStack 像是打开了华为的嗅觉、视觉和触觉，让华为全方位地感受到开源带来的独特的盛世气息。

之后，到了 2014 年，OpenStack 开源项目触角终于伸到了华为 IT 产品线。刚从业务软件团队转岗到 OpenStack OSDT（开源开发团队）的李永乐初次接触开源，关于开源是什么，开源在华为能干什么，他说自己过了好长一段时间才懂一点皮毛。

自从 OpenStack 在"欧拉"上运行后，李永乐便开始与欧拉部门合作，大家一起切换版本。在切换的过程中，OpenStack 的上游版本升级会对下游的依赖包产生变化，这需要欧拉操作系统去支持。欧拉操作系统会因此提出一些诉求，甚至是一些反向的诉求。这个过程对"欧拉"的起步工作很有帮助，也让李永乐更了解操作系统和上层应用的关系。

然而，即便是多方一起努力，李永乐也感觉自己从 2016 年到 2017 年的团队工作在产品侧和开源侧方面没产生什么影响力，一直夹在中间，两头都过不去。产品侧认为它一定要有差异化竞争力，否则开源软件凭啥卖钱？而开源侧认为 OpenStack 半年一个版本，不如等它出三四个版本后再换一次。此外还有用户的声音：我都已经用了最新的版本了，可你们还留着一年前的版本，那以前的版本到底是行还是不行——这或许是很多开源公司会经历的痛苦：你到底是该做出所谓的开源产品的差异化竞争力，还是该紧跟开源做其他方面的竞争力？

说到底，产生这些质疑，也是因为大家对 OpenStack 的商业模式没想明白。无论是使用开源、贡献开源，还是主动开源，最终极的问题就是"把商业模式和开源策略彻底想明白，并且不要摇摆"。

欧拉团队开始系统分析业界的商业模式和开源策略的相关实践：首先是确保代码开源，解决方案、服务等一堆软件能够运转好，这需要技术含量；其次确定它给客户提供的价值在于，除了开源软件运转得好，其兜底的服务或者叫技术支持服务也要有服务周期，3年、5年或者8年，甚至10年都可以；再者就是确定面向客户的兜底服务怎么安排。

除了投入，没有秘诀。

慢慢地，大家摸索出了重点：社区重于当下的代码成熟度（Community over code）。也就是说，看社区的趋势并不是看当下那一刻的技术成熟度，而是要以社区前景为主要因素。像"大厂商来不来，社区的开放性和多样性够不够"之类的社区构成和趋势问题，对技术方向和潜力影响巨大。红帽就曾抛弃自己高水平的 Xen 项目，转向 KVM 这个后长出的成功项目。华为最早的开源也是做 Xen，之后随着大潮流，被迫转向了 KVM。

彼时华为已经堪称开源领域的"老手"了：积极参与各种开源社区的工作，逐渐成为全球开源社区的重量级选手。而"欧拉"本身就是基于 Linux 内核，是开源思想的杰作。

尽管取得的成绩已经很令人瞩目，但华为的身份依然只是开源的参与者。

OpenStack 让欧拉团队明白，要使用开源项目，就需要贡献开源项目；贡献的目的不是为了给别人做贡献，而是为了让自己的版本和开源版本不要脱节得太厉害；未来要在上游做贡献，现在就要想清楚开源战略应该怎么制定，又怎么落地。

174

到底要不要开源，成为"欧拉"历史中最重要的决策

回忆整个开源的历史，华为多个高管都提到，"到底要不要开源"是整个"欧拉"历史中最重要的决策。

站在技术角度，开源已经是公认的创造软件的最佳方式。它迅猛发展，正如当年软件吞噬了整个世界，如今开源反过来不断吞噬软件。全球主流的科技公司，如 Facebook、Google，几乎都是在开源软件的支持下编写而成的，这些公司至今还不断地建立自己的开源项目。

然而在 2019 年 7 月，华为高管层却在开源问题上产生了很大的分歧，一方面是有领导担心，"欧拉"开源之后，会不会没有人愿意用华为的开源产品？另一方面是"欧拉"作为一个合作产品，生态伙伴很可能会担心"我好不容易上了车，你华为却下车不干了"，怎么办？还有领导担心，中国做操作系统的企业虽然能基于华为的开源产品做自己的发行版，但如果做出来的产品成熟度和整体的服务能力满足不了行业客户，导致"欧

拉"开源生态没做起来怎么办?

也就是说,要想满足最终的客户,需要华为的开源版本与生态伙伴的能力加在一起。在这个过程中,就算华为把基础工作做了,剩下的工作需要生态伙伴的能力达到100%,如果生态伙伴只能干到80%,有20%满足不了,那就相当于整件事没做成。甚至有领导提出:要不要华为亲自下场,在初期打个样,先做一段时间,做完之后再慢慢淡出市场?

担忧和分歧,决策与战略,纷纷扰扰。为了形成共识,华为在内部进行了充分的沟通和协商。

华为很善于观察大公司的行为模式,在决策摇摆不定的时候,就去观察和分析谷歌、英特尔等大公司的决策优劣势。谷歌贡献自己的移动服务(GMS),给谷歌带来了非常大的流量入口,所有贡献出去的服务都可以借此变现。因为流量入口与生态投资是强关联的,所以即便谷歌软硬件都不卖,它的搜索、地图,尤其是广告收入,还是能占到非常大的比重。这是生态的力量。

再去观察那些硬件公司,它们一般会在操作系统、编译器层面加大投入。英特尔就在 Linux 上进行了大量的投入,因为它要保证自己的芯片出来后,上面的软件是适配的。这是生态的需求。

再来看通信类企业。做通信很强调标准,例如我们打电话到欧洲或者非洲,找世界任何角落里的一个人,只需要对方的手机号就可以办到。这都是标准带来的结果,有了统一标准就容易让彼此间互通。但是开源软件不同,开源软件讲究"事实标准"。事实标准就是你先做起来之后大家都用你的了，你就是标准。这是生态的路线。

谢桂磊支持开源。他认为华为做开源，虽然主观上是为了自己的生态，但是客观上也帮助了社会，帮助了其他公司。"它本身是我们商业闭环中的一部分，更是我们面向未来的商业模式的基础。我们的价值是能把整个产业链的基础底座建好，让全局受益。所以，目前不管是在中国还是在西方，开源社区都应该是一种商业模式或商业行为，而不仅仅是一种单纯的文化行为。"

华为加强开源软件建设，就是在中国做"事实标准"，并通过发布牵引，让开源的商业模式走向成熟。

他们也调研了过去所有成功的国际开源项目和开源社区，发现最后都要有主导力量去支持才能成功；如果是完全分散的、自由的方式，也不利于早期快速地发展。最典型的案例有谷歌主导的安卓社区，还有红帽社区，这些成功的开源社区背后都有大企业、组织或者机构支持。有主导力量在方向上牵引，才不会让开源社区五花八门。

所以，华为的生态策略并不是说要硬件、软件两者绑定，而是要各自发展，否则弱生态再遇弱生态，相互之间反而会掣肘。

时任华为 Cloud & AI 产品与服务总裁的侯金龙跟徐直军、汪涛等沟通，提出了"以建立一个社区的方式"将"欧拉"开源的建议。这可能是在华为构建整个计算产业的过程中最有价值的观点。领导们当即拍板决定"欧拉"开源，名字就叫 openEuler，而且华为自己不做商业发行版。

2019 年，在完成业务连续性第一阶段的战略攻关替代后，张文锋的

177

团队分成两拨，一拨人继续对连续性工作进行精耕细作，查漏补缺，并将公司剩余产品完成服务器操作系统的战略攻关替代；另一拨人就随时准备 openEuler 的开源。绝大多数执行层对 openEuler 开源这件事还是有点"蒙"，因为他们从来没这么玩过，更没有经验。在这个过程中，代码可能存在的各种问题和相关风险要解决，一些版本方向要消除，商标等各方面乱七八糟的事情要准备……做完这一箩筐的事情就花了半年的时间。但随后大家也达成了对开源的初步认知：开源最重要的是把人汇聚到社区里面，然后通过社区的力量把这些人放到合适的位置，驱动这个项目往前进。

因此，开源社区里的生态伙伴是一个社区主导者必须"扶持"的重点。

针对生态伙伴对华为的顾虑，华为确定了一点：华为的版本在华为内部配套使用了十几年，质量和综合性价比等方面都不错，既然自己长期用，那么只要华为坚持长期投入，坚持长期开源，投入的版本在质量、能力、演进的速度和创新迭代上应该是能跟得上的。所以华为需要和生态伙伴沟通清楚的关键点是："单打独斗"和"基于生态去生长"这两种生存方式有什么不同？一个版本就支持一个处理器，这没什么好说的。但如果三个操作系统厂家要针对 N 个处理器，比如英特尔、海光、飞腾、申威、兆芯、龙芯、鲲鹏，甚至还有 AMD，既有国内的又有国际的，面向南向的 GPU 和处理器非常多时，就很难办。那反过来看，若单个企业各自找适合自己的处理器厂商，那处理器厂商也会觉得：我一个处理器面向你们三家操作系统，我也弄不过来。所以，如果将所有的问题都整理出来，各方就会交织成一张网，并且很可能这张网就彻底被织烂了。而由华为来搭建和投入一个平台，在开源社区中实现对南向生态的一个聚合，把这些CPU 的技术路线都拉到社区里面，然后华为继续提供 CPU 的驱动、接口和软件包，那么生态伙伴只需要各自打包，就能很轻松地在社区内把兼容自家处理器的事给做了。

统信软件、麒麟软件、麒麟信安等国内主要的操作系统和软件公司成为华为的重点沟通对象。他们最终达成一致，同意基于华为的开源技术进行共同的社区发展。这样一来，华为的开源技术不仅可以为其他公司提供参考、供其使用，同时也可以通过合作共赢的方式来共同推动整个行业的发展。

至此，可以说开源已经具备了两个重要的意义：一是现在的软件更复杂、更规模化，开源有利于上下协同开发，提高效率，在这个过程中，华为可以向合作伙伴提供技术、能力和支持，让伙伴们存活，让团队找到自己的生存空间；另一个是通过开源，华为将真正建立起自己的生态链。

鲲鹏计算产业峰会召开，华为正式宣布"欧拉"开源

2019 年 7 月 23 日，华为召开鲲鹏计算产业发展峰会，并计划在此次峰会上正式宣布"欧拉"开源一事。

7 月 23 日这个日期对华为来说似乎有些特别。从 2013 年开始，华为的总裁办会在这一天公布签发任正非的演讲发言，发言里是各种企业价值观和经营理念上的干货。2015 年，华为在 7 月 23 日宣布成为 The Open Group 的白金会员。2018 年，华为消费业务最高规格的质量大会就在 7 月 23 日举行。2019 年召开的鲲鹏计算产业发展峰会和任正非的 BBC《故事工场》纪录片访谈也是在这一天。

7 月 23 日对华为来说，是具有"历史上的今天"这样非凡的、被不断赋予重大意义的日子。而"欧拉"选择在这一天对外宣布开源，已经揭示了它将要承载的历史使命。

围绕这一天的人事布局也发生了重要的变动。

在距离召开鲲鹏计算产业发展峰会仅剩三周的时间，公司决定把江大勇从私有云团队调过来负责"欧拉"。江大勇之前负责电信云、混合云等 ICT 领域重大产品与解决方案的研发工作，有着超过 24 年的 IT／CT 从业经历，超过 20 年的研发工作经验。

但是转做"欧拉"，江大勇的第一反应是抗拒。作为一个资深的产业主管，他确定"做商业"更适合自己，毕竟自己又没做过生态，而做生态产品所需的能力跟他原来熟悉的能力模型肯定不太一样。一整套的工作方式、技能，拼杀的各种打法，一定和"做商业"存在巨大的、系统性的差异。这不仅意味着他自身要学会转变，还要带着团队去转变。

华为算是国内比较早开始规模化投入开源软件的企业，加上外包人员，截至 2022 年，已经有接近 20 万的研发人员。"欧拉"又属于生态基础设施，以华为的手笔，可以预见"欧拉"在科研方面的涉猎范围之广，在开源系统投入的研发人员之多，做"欧拉"的管理之困难。

江大勇很坦率地拒绝："我不喜欢做这个事情，因为操作系统、数据库这些事情都太底层了。而且在中国，软件的价值被严重低估，也不赚钱。你说摸着石头过河，好歹还有石头可摸，但是中国的这种开源也好、开放生态也好，其实没有特别成功和可行的案例，我该怎么去做？我还是觉得做私有云更有意思。"

领导当然不肯接受江大勇的推辞，说华为要做的计算产业、基础软件，特别是操作系统，都是开创性的管理工作，正因为难、没有参考，才更有挑战、更困难、更有意义。

这些"说服"的话，或许在一定程度上激活了科技人骨子里，也是刻在工程师文化基因里勇于创新的欲望，但真正让江大勇改变心意的，还是他自己的价值观：任何事只要用心去做，就会在里面发现很多有意义的事情，而且"对的事往往难，难的事做了往往有价值"。

江大勇喜欢做有挑战的事。从另一个角度来想，如果能够把操作系统、数据库的开源和生态做起来，也是他职业生涯里一件浓墨重彩、富有意义的事情。

江大勇最终接受了这个工作安排。

在距离 7 月 23 日的鲲鹏计算产业发展峰会仅剩十余天的时候，江大勇从墨西哥飞回国内，在落地北京后连家都没有回，就直接飞到深圳，跟叶锋等同事组织了持续大半天的研讨："我们讨论时就提出坚决不做别人的复制品，虽然那时还没有清晰地提出根技术和根社区这些概念，但是我们都希望做得彻底一些，要做有价值的、能改变现有东西的事情，不仅要保障公司业务连续，未来更要使之成为一个主流的操作系统。这些理念让我们觉得还是应该彻底地去开源。对社区来说，我们的定位是平行社区，跟 openSUSE、红帽是一个平行社区，也是基于 Linux Kernel 打造出来的一个平行社区，这是当时提出的概念。我们的定位要支持多样性算力，同时支持好 ARM、X86 等指令集。如果只支持鲲鹏，不支持其他的处理器，而客户不可能一套处理器用一个操作系统，那这样做就是'软烟囱'，对客户来说维护成本高，购买成本高，客户就很难支持这个技术线，这对华为整体的业务发展也不好。所以我们才很坚定地提出，openEuler 就是要掌握根技术，去做一个根社区。现在这个定位越来越清晰了。"

江大勇当时提出的这些定位到现在来看都是被广泛接受的。

为表述社区的核心理念，团队曾整理出两页 PPT 来精确表达这个理念：一页是同心圆，从技术角度讲清楚社区成员的配合关系——谁来主导内核，谁来主要负责外围包，社区的基础设施由谁来负责等，描述了社区整体的协作关系；另一页是宇宙环，从生态角度，讲清楚产业链上下游生态伙伴的协同关系，从芯片、板卡、整理，到操作系统、数据库、中间件、应用、用户之间的协同关系。江大勇觉得这两张图都非常经典，把社区的整体设计理念体现了出来。这两张图表达的社区核心理念被执行至今，更在业界广泛流传。

研讨结束之后，江大勇和同事杨琴把大家的观点整理成报告，向公司领导汇报。公司做了广泛的调研，听取产业伙伴、客户等多维度的意见、建议，特别和 OSV 做了深入探讨。OSV 最担心的是两方面：第一，华为会不会自己做商业发行版？第二，华为会不会做着做着就不做了，就不投入了？ 这是产业伙伴们最大的担心，也是华为领导做最终决策，临门一脚时的重要参考。

2019 年 7 月 23 日，首届鲲鹏计算产业发展峰会在北京召开，大会以"鲲鹏展翅，力算未来，开创计算新时代"为主题。华为轮值董事长徐直军发表讲话："面向多样性计算时代，华为将携手产业合作伙伴一起构建鲲鹏计算产业生态，共同为各行各业提供基于鲲鹏处理器的领先 IT 基础设施及行业应用。华为将聚焦于鲲鹏和昇腾处理器、鲲鹏云服务和 AI 云服务等领域的技术创新，开放能力，使能伙伴，共同做大计算产业。"

会上同时宣布：为了支持鲲鹏的发展，把华为开发了近10年的欧拉操作系统开源！在峰会的分论坛上，华为邀请了产业上下游的伙伴和一部分客户参加。江大勇详细地给业界汇报了整个社区的构想。社区理念是"共建、共享、共治"，其中的"共建"就是大家一起共同建设，因为东西都没建好就谈不上其他；建设完之后，整个产业链的上下游一起使用。

之后，每隔一个月，江大勇都会和主要伙伴的CXO①做一次沟通，让他们看到openEuler逐渐发生的变化。

其实华为做产品有一套标准的流程——先进行比较，然后进行需求分析，需求分析完成后进行分解，之后再进行架构设计、方案设计、开发测试，再上线到实验局。上线的社区版本质量需要达到华为商业产品的质量，这个要求是非常高的。

从内部来看，大家对"欧拉"的质量都很有信心，因为华为团队在这方面做了大量的优化工作，它不是简单模仿别人的产品。openEuler的每一个"砖块"和"瓦块"都是华为自己从上游社区拿下来之后重新做的组装，这需要对操作系统架构有很强的理解能力。

首先，从内核来看，欧拉操作系统虽然是从Linux Kernel里面拿下来的，但它不是完全模仿Linux Kernel，而是做了大量的优化，比如多核调

---

① CXO：CEO、CTO、CFO等一切首席主管以及未来可能新增的各类首席主管的统称。

度上的优化。其次，在核心模块上也做了很多的原创执行，比如华为有自己的容器方案 iSula，有虚拟化的方案 StratoVirt，这些都是业界独创。再者，华为选的软件包都是开源协议，最符合我国国情。

华为向来先做后说，除了徐直军宣布"欧拉"开源这一创举外，其他人都是等到事情干得差不多了才对外宣讲。但从宣传的角度来看，"欧拉"的宣传已经相当低调了。

峰会过后，团队脑袋全部切换成开源模式

    首届鲲鹏计算产业发展峰会原本就是鲲鹏服务器绝对唱主角的光辉时刻：CPU 的"备胎"——鲲鹏芯片正式转正。所以，在峰会的闭门会上宣布的"欧拉"开源的消息并没有引发人们太大的关注，更没有形成任何新闻效应。但"欧拉"是鲲鹏生态的重要部分，站在历史的角度来看，这一天值得深刻记忆。

    鲲鹏计算产业发展峰会宣布做 openEuler 时，欧拉执行团队正一穷二白，江大勇更是连"一杆枪"都没有就开始组织一堆人搞建设。当很多人跟他说"你为什么选择走最难的这条路，用别人的不是挺好？过去大家也都是这么干，现在为什么非要自己搞？"他就用说服自己的那套价值观去给团队伙伴"洗脑"：你会发现对的事往往最难，而难的事做了以后往往最有价值。

    团队组建起来后，还不知道接下来要从无到有地建一个开源社区究竟有多难。团队成员一开始乐观地认为，就算没吃过猪肉，但至少见过猪

跑。可真正开始工作后，他们才发现"抄"也很不容易。

比如 openEuler 要做的第一件事情就是找代码托管平台。团队找来找去，发现只有中国的代码托管平台 Gitee（码云）能凑合用。和微软的 GitHub 相比，中国的 Gitee 给开发人员带来各种不便，瞬间让团队的"能力感"被狠狠地拦腰砍了一截。之后越来越多的系统，如 CLA（贡献者许可协议签署系统）、CI（持续集成）、OBS（操作系统构建系统）等需要加入 openEuler，团队曾经在 Apache、OpenStack 等社区经历过的优质体验，也都需要在欧拉开源社区实现。而当这些东西统统都没有时，团队的脑袋集体切换成了开源模式，大家绝不闭门造车，也不重新造轮子。

两个月后，在华为一年一度的大活动之一——全联接大会上，华为正式宣布其服务器操作系统 EulerOS 将会开源，命名为 openEuler——openEuler 和 openGauss 都开源，以促进鲲鹏生态的发展。对此，华为也提出了明确的开源时间点：2019 年 12 月 31 日上线 openEuler 开源社区。也就是说，2020 年 1 月 1 日，openEuler 开源社区将全面开张，届时 openEuler 的源代码也将开放下载。

一年之后，华为再次遭遇美国的极限制裁，芯片制造戛然而止，鲲鹏陷入休克。"欧拉"的主角地位在此刻脱颖而出。

2019 年 12 月 31 日，openeuler.org 正式上线，欧拉开源社区成立。

华为创始人任正非说："重大创新是无人区的生存法则，没有理论突破，没有技术突破，没有大量的技术积累，是不可能产生爆发性创新的。"越是前途不确定，越需要创造。华为持续释放自己在基础软件上的

187

实力。开源发展至今，无数的参与者为之贡献，产生了无数的软件和库类，同时又有无数人在使用。其中受益的不仅仅是企业组织、开发者群体，更是这个世界上的每一个你我。

通过 openEuler，华为又开启了一段新的开源征程。

不做商业发行版，让友商没有顾虑地拥抱"欧拉"

美国的打压虽然让华为"阵痛"，但对华为来说也是一个难得的契机。因为和平时期没人愿意抛弃安卓操作系统，改用华为的鸿蒙操作系统；或不用英特尔的 X86，改用华为的鲲鹏。而现在用户和企业都看到了实际情况，都明白不能完全依赖英特尔、英伟达，未来只有多样性的平台，才能让彼此有更多的机会。华为需要抓住这样的机会，吸引更多的伙伴跑到华为的生态上来，让华为的生态像滚雪球一样越滚越大。

相较于欧美，中国的互联网企业颇有优势，这得益于中国"上层的算法应用"比较强。但是中国的基础软件不强，所以产业界需要一个坚实的基础软硬件平台。基础软硬件平台包括基础硬件和基础软件。华为想要提供优质的基础软硬件平台，就必须两手抓：一手抓硬件开放主板，华为可以基于芯片提供一个基础板，由服务器整机厂家来做整机；另一手抓软件做开源，如欧拉操作系统选择全开源，发挥开源的价值。如果华为看得更远，做得更彻底，那自己必须放弃做商业发行版，让其他商业发行版厂商可以完全没有顾虑地拥抱"欧拉"。

在华为内部，本来一开始大多数人倾向做"欧拉"的商业发行版，毕竟华为不做，也会有人基于他们的 openEuler 推出商业发行版。但徐直军明确表示坚决不做操作系统发行版，因为华为放弃做操作系统的发行版，可以帮助一批做商业操作系统的公司快速成长，而这一批公司如果能积极在 openEuler 中进行贡献，将十分利于 openEuler 生态的构筑。这一决策，成为后续十来家操作系统厂家敢在欧拉开源社区里投入的重要依据。

放弃做商业发行版后，商业价值分配、生态管理规则等需要华为方担负的社区责任依然不变。

张国盛也多次强调全栈场景下与生态伙伴的合作意识："因为我们提供的是全栈解决方案，所以在各个场景下都应用了欧拉操作系统。不论是我们的存储、服务器，还是核心网等应用场景，'欧拉'在软件包的丰富性和基本软件包的稳定性方面都表现得不错。从覆盖场景、海量应用检验以及中长期的内核投入等方面看，选择华为云上的欧拉操作系统当然是可靠的。但现在我们更加聚焦于稳定的基础部分，降低做商业版本的门槛，让各家在此基础上开发各自行业的特性软件包，像麒麟软件、统信软件、麒麟信安，这些主做商业版本的厂商聚焦在打磨自身的产品和服务上。在这个过程中，如果中国要在操作系统这个业务板块上快速崛起，需要产业链上下游厂商做好分工，各司其职。比如说我们自身的水平是 4 分，要想跟伙伴共同达到 10 分的目标，中间差 6 分，这 6 分大家可以分工合作。如果华为把下面的基础部分做到 7 分或者 8 分，那么伙伴只需要把剩下的

3 分或者 2 分做好。如果我们不采取这种分工的方式，每家企业就都得从 4 分做到 10 分，可能谁的投入都不够。所以，最好是通过我们和生态伙伴的组合来满足最终客户的需求。高效分工协作不仅能提升效率，也能更加快速地提升技术生态满足度，从而让'欧拉'快速成为一个成熟的商业产品。"

为了让"欧拉"的生态伙伴发展更健康，华为还参考了英特尔、英伟达用过的一些好的运作方法，同时规避了它们遗留的弊端。在当时，几乎所有 X86 的服务器厂家都不怎么赚钱，利润只有一到两个点，有些企业甚至需要靠补贴保障生存。华为就结合自身的生态管理体系，做了一个新的体系化的设计：在硬件这一层给合作伙伴留利，而且要超过传统厂商的利润比例。

构建生态一定要充分考虑"利他"，一开始主导厂家要能够通过构建生态创造价值，并让伙伴成员能够分享价值，这样才能吸引更多伙伴加入，同时建立起导向贡献的生态管理规则，鼓励多贡献、多收益。而随着更多伙伴加入生态，大家共建生态，共创价值，同时也从中分享价值，就逐步进入到生态的自驱发展阶段。"所以生态起步是难点，需要一开始就把产业规则和商业模式提前设计好。"邓泰华说，"对于软件开源来说，开源只是一个起点，而不是终点。开源后的持续运营，是构建一个繁荣的开源生态的基础，所以开源需要主导厂家的持续投入。对于一个企业来说，这需要有清晰的商业逻辑。商业逻辑不在于'欧拉'本身，而在于华为使能硬件。所以对于'欧拉'，华为一开始就确定了完全开源的路线，

191

不做商业发行版，全面使能伙伴。全面使能需要全面的能力，一方面，在'欧拉'十几年来构建起的产品竞争力的基础上，华为持续投入内核等基础组件研发，持续领头为欧拉开源社区做贡献，来保证欧拉开源社区持续迭代的竞争力，华为各 ICT 产品内部自用的操作系统都是从欧拉开源社区取版本，保持一个分支；另一方面，通过欧拉开源社区和开源项目群的有效社区治理和开源运营，大力发展伙伴、开发者。有了这些赋能，主流操作系统厂家基于欧拉开源社区版做增量开发，可以快速构建起更有竞争力的商业发行版，所以大家怎么会不用？"

在企业迁移到"欧拉"生态的过程中，华为还不断通过自动化工具，尽可能让软件迁移的工作量变小。比如银行里面有大量的交易或者金融查询对账业务系统，不可能交给外部厂商开发。但是银行自己做也有问题，这些业务系统存续多年，开发团队都已不知身在何处，如何对系统进行改造呢？或许只能等这些系统自然消亡。更重要的问题是，一般银行里的大机小机改造时间都非常长，因为像这种风险容忍度特别低的系统，需要做并行系统构建，改造时间少说也得 5 年。不管谁改造，对于厌恶风险的银行来说，在此期间出现任何金融风险，都会让人难以接受。

"我们一开始靠手工迁移，每个应用迁移都要人工修改代码，工作量比较大，严重影响了应用迁移的积极性。在这个过程中，我们逐步把每个场景的修改点模板化，然后自动化。随着我们迁移的场景越来越完备，自动化工具能够覆盖的场景就越来越完备。现在，在新的软件需要迁移时，基于工具做扫描，就能把代码修改点自动识别出来，再手工确认，自动化工具运行一遍，自动调优，迁移适配就完成了，不用再像原来一样手工改代码了，迁移效率提升了几十倍。"邓泰华说。他们通过工具（Devkit）提升软件迁移效率，已经大大降低了迁移门槛。

2019 年，顽强的华为还是取得了不错的成绩

2019 年 7 月，任正非接受意大利媒体采访时表示，华为大概有 4300～4400 个洞，已经补好了 70%～80%，到 2019 年底时可能会补完 93% 的洞。

2019 年 11 月 6 日，在被美国制裁半年之后，任正非做出了初步的形势判断："全年处在制裁之下，如果到明年年底我们仍然是健康发展的，那我们的生存危机就完全渡过了。生存危机渡过以后，我们就要关注未来 3 年至 5 年还能不能继续领先这个世界。"说这些话时，他表现出相当乐观的态度，"我们还是想领先世界，但是有没有足够大的理论基础和理论力量进行研究，所以我们也正在调整，希望未来还有领先的力量。美国对我们的制裁是给了我们鞭策，让我们自己不要再情怠，一定要积极努力。所以，现在大家努力划船，划得太厉害了，可能销售收入增长太多了，利润也增长太多了，将来我们就会做一些合理调整，使得公司的发展更加平稳。"

2019 年 11 月 11 日，据华为员工在职场社交平台爆料，华为给员工发放了两份特别奖金：第一份，人人一个月阳光普照奖金，11 月发放；第二份，参与国产组件切换的人员发放 20 亿元奖金。这时的华为对未来有了全新的底气。

这一年，"欧拉"快马加鞭，加快发展，一年时间就开始有模有样了。

这一年，麒麟的使用量增长很快。因为在 5·16 以后，高通停止了对华为的技术服务，华为产品的市场份额自然获得增长。

这一年，华为的泰山服务器也发布了。在华为被美国商务部列入"实体清单"时，华为自研的泰山服务器还没有做开发阶段技术评审，原本泰山服务器计划发布的时间从 6 月 30 日提前到 5 月 30 日。

这一年，海思也跟着提前一个月发布了。

虽然美国政府的制裁还在继续加码，但华为依靠海思、"鸿蒙"、HMS 等"备胎"项目，业绩不仅没有下滑，还实现了逆势增长。年报显示，华为 2019 年实现全球销售收入 8588 亿元，同比增长 19.1%，净利润 627 亿元，经营活动现金流 914 亿元，同比增长 22.4%。全球销售收入和净利润双双实现了两位数的增长，堪称人类高科技历史上的一大奇迹。

华为很多重要的产品有"1+1"的板子或者"1+1"的方案，也就是说在战略层面，任正非实行的都是"1+1"战略。一开始麒麟就不是纯粹的"备胎"，它同时也是一种备份。

而 5·16 的到来，如同显影剂，让华为各大"备胎"角色更加鲜明。

第十章

上传代码，欧拉开源社区正式对外开张

在华为宣布"欧拉"开源后，很多人一开始还是对此将信将疑。因为基于 Linux 去做原生的操作系统、开源社区，国内的企业已经尝试过多次，但都不是很成功。所以，大家好奇"欧拉"这次的尝试与以往的有什么区别，是真开源还是假开源？

2019 年 9 月，华为把二进制包开放给主要的伙伴：麒麟软件有限公司（简称麒麟软件）、统信软件技术有限公司（简称统信软件）、湖南麒麟信安科技股份有限公司（简称麒麟信安）、普华基础软件股份有限公司（简称普华基础软件）等。当二进制包给到他们之后，大家开始有点相信了，但还是有点担心事情能不能做好。

到了 2019 年 12 月 31 日最后的关头，很多人都在看华为是不是真的会把源码开源出来。等到"欧拉"全部代码开源出来之后，大家对"欧拉"开源的信任度才真正得到提升。之后联想、曙光、龙芯等企业也都正式加入欧拉开源社区。

华为也在传递多芯生态，芯片层面的竞合是芯片层面的；在操作系统层面，大家共同做一个生态就是有价值的。

2019 年 12 月 31 日的不眠之夜

在"欧拉"上线前，安全审计和整改的巨大工作量让团队里的每个人都脱了几层皮。

2019 年 12 月 31 日的夜晚，"欧拉"正式上线时，团队集体无眠。每一个要开源的软件包，每一行代码，还有网站的每一个字、每一张图片，大家都逐一审核。江大勇也一直没有休息，远程参与着，等着把正式的代码传上去。

在开源界，没有人愿意看到任何一件因开源上传而发生的"事故"。虽然开源社区的每个人都是从初学者开始，社区的目标本就是共同学习和成长，社区的环境也是鼓励和支持贡献者的，但是对于那些刚刚加入开源社区的新手，尤其是欧拉团队来说，他们不确定自己会不会犯"历史性"的错误，而华为的声誉，开源贡献的责任，长久以来的奋战，都要在此刻以成功的姿态立住，没有人愿意在坚守的最后一刻，"放自己一马"。

当天下午，负责代码的人员约江大勇过去评审，看能不能正式开源。

从下午 4 点一直评审到晚上 7 点多，大家开始犹豫，因为其中七八成的事情都已经准备好，有一两成事情还没有完全准备好，说明还是有一定风险，那到底开不开源呢？大家慎之又慎，又经过三四个小时的充分讨论，还是同意"兑现承诺，如期开源"。因为站在更高的角度看开源对业界的价值，大家看到整个 openEuler 的发展意义远远大于潜在的问题和风险，所以就算如期开源带着一定的风险，也应该正式开源。

开源正式发布时，江大勇在北京坚守，邱成锋在深圳通宵，杭州所有搞开源的兄弟都没回家。北京、深圳、杭州三地加起来有上百人在保障上线过程，每个人都在等这历史性的一刻。

第一个代码版本传完已经是 2020 年 1 月 1 日早上 6 点了。因大家没有经验，不熟悉流程，而代码包又很大，宽带不够用，所以在把代码从内网上传到外网的过程中，时不时发生中断，耽误了很久。还有很多需要打通的地方，以及不同的流程批准等问题发生，可以说波折不断。

"代码上传的时候，内部都蛮紧张的。而且把整个代码一股脑儿导出去以后，会有什么样的反应，大家心里也没谱。"胡欣蔚认为把代码放出去以后，只要有反馈、有观点，就好过没有人关心，不管是支持的还是批评的声音，他都接受。

有"接受瑕疵"的心理准备，这难熬的一天也就能熬过去了。

"欧拉"如期开源，上传成功了！

李永乐团队四个人站在一个展示出 openEuler 社区网站的屏幕前，随意地拍了一张照片。照片拍得很丑，却记录了这一历史性的时刻，并在后

200

来的很长一段时间里成为这一历史性时刻的唯一记录照片。

胡欣蔚发了条朋友圈庆祝，标题写的是"迈出了一小步"。

在推动"欧拉"正式上线的这段时间里，除了江大勇等人，管延杰也一直坚守着。从 2019 年 7 月到 12 月发布网站，他几乎没有完整地休过假。待任务完成后，他和所有人一样，一直悬着的心才放下来，长舒一口气：终于可以休息两天了。

"欧拉"开源上线后的"社区风景"

　　"欧拉"源代码完成上传后，各团队成员开始密集地监控舆情。大家不禁担心：会不会出现低级的错误？会不会有人恶意攻击？代码有没有一些核心能力？会不会又被质疑模仿 CentOS？开源出来的东西对产业链的伙伴是否有价值？在代码上传的过程中，怎么样正确地使用开源？会不会出现法律问题，等等。

　　其实，团队早在源代码上线前就做过相应的舆情推导和演练，万一出现什么情况，团队好立刻采取应对措施。大家是在打一场"有准备的仗"。

　　上线一周，华为没有发布任何新闻，只对 OSV 做了点对点的沟通。

　　上线两周，华为负责舆情的同事做了调研，发现知乎上有各种质疑：华为的"欧拉"到底是真开源还是假开源？大家都是基于 CentOS 社区，为什么要建立欧拉开源社区？它到底有什么价值？知乎上还是有一些负面的观点，但没有关系，80% 以上的舆论都比较正常。

　　上线一个月，华为计算操作系统产品总监邱成锋进行舆论观察，发现

80%～90% 的信息都是好的。他判断，这说明外界认可了"欧拉"有核心技术的创新，这个开源社区跟别人的不一样。少量不好的反馈基本来自个人，大的官微基本上都是以正面评价为主。

对舆论慢慢放下心来以后，团队成员又开始担心其他方面：欧拉开源社区能不能比较好地长期运作起来？虽然大家之前看了很多优秀案例，也参与了一些开源社区，但对社区运作都没什么经验，以前国内也没有任何一个自己运作的操作系统社区。还有，究竟会有多少工程师有能力参与到这样的社区里面来？会不会到了后面，除了华为之外没有什么人参与，以至于社区太冷清？另外，这个事情最开始基本上是华为的力量在支持，万一大家把华为内部的企业开发习惯带到社区里面来，会不会使得社区不可持续？

于是，在开源上线的头一年里，他们不断地查找社区运作中存在的问题。胡欣蔚差不多每个月都会将社区运作的问题写成报告，发给内部所有人。月度报告后来直接开放给社区，大家共同审视发展中的进步与问题。

有一次一位来自德国的工程师批评了 openEuler，说网站的 SSL 证书过期了。胡欣蔚看到他的邮件以后，自己去尝试了一下，发现证书明明没有过期。他又兜兜转转找了一圈原因以后，才发现是因为自己是从公司内网去访问的，在公司内网访问的时候代理会把证书给换掉，所以内网无论如何都不会出现这个问题，但是从外网来访问的时候不一样。之后胡欣蔚就把这件事情作为一个教训——对 openEuler 日常的审视工作不能只通过公司内网，要例行地通过外网，通过手机，通过自己的 PC 等各种端口去检查社区有什么问题。胡欣蔚说自己每个月都会重新审视一下，如果以一个社区来运作的话，大概有什么问题或者有什么进展。那段时间他惊讶地发现，参与到这样一个操作系统社区的外部开发者已经比想象中的要多了。

就这样，欧拉团队基本上每周都会有一些新奇的发现，积累的经验越来越多。而管理层对"欧拉"的认识也日趋细化和个性化。

李永乐最关心的是用户量，也就是社区活力，其次是由用户量逐步引出的开发者数量和开发者贡献的量。"欧拉"需要的是很多人贡献很多，而不是只有少数的人贡献很多。

吴峰光关注到的是欧拉开源社区拥有比 Linux 开源社区更优质的体验，其中最明显的区别就是，Linux 开源社区是文字版的，而欧拉开源社区不仅有文字版，还有视频版。文字版的开源社区基本上以邮件讨论为主；视频版的开源社区有很多统计信息、新闻、周会或者双周会。吴峰光会经常打开那些视频看一看，听听社区各个组都在讨论什么东西，他们会上有多少人，大家的进展是什么，想法是什么，提的意见又是什么。他觉得这些激烈的讨论看上去非常有生气。社区里的新人、新鲜事，也成了他工作中的最大乐趣。

那评价"欧拉"是否做好了的标准是什么呢？李永乐把欧拉开源社区基础设施的评价标准总结成三点：一是基础设施的可用连续性，就是可用性；二是业务的丰富性；三是成本。成本问题非常重要：华为的基础设施里面有上百台服务器，价格昂贵，如何提高它们的使用效率，并且在提高使用效率的同时，增强开发者的优质体验，比如能不能提交一个代码后在一分钟之内看到结果，这些都是"欧拉"要达成的降本增效目标，以及在未来要实现的功能标准。

发力外部开发者，构建全新生态

"欧拉"的开源决定给公司内外带来了巨大的冲击。公司内部几千位埋头做研发的人会想：辛辛苦苦研发出来的产品一直挣不了钱，怎么办？而公司邀请的外部生态伙伴会想：加入你们就等于和风险同吃同住，目前只有你华为一家被打压，凭什么你"感冒"了要逼着我们"吃药"？

外界一开始根本不相信华为会捐赠自己做好的社区：华为自己放水养鱼，怎么可能会在鱼养大了之后就把水放掉？谁会干这种傻事？

而为何华为会自己养鱼放水？为什么华为跟生态伙伴之间的关系不是我感冒你吃药的关系？稍微向下挖一些内因，了解一下华为具体的方法就能理解。

要知道，硬件受到各种产业链制约时，单一公司是没办法解决的；而软件没有太多的限制，特别是开源软件，很有可能冲出新格局。

李永乐说，对 openEuler 的开源还要有这样的认知：并不是开源软件里面有别人写的代码，这个软件就不是自主的。如果大家把一个开源软件代码的比例简单化理解，你在这里面到底写了多少行，你用了别人多少行，然后用这个比例去衡量，说90%就要叫自主，30%就不自主，这就很难说清楚了。

"欧拉"完全可以开源，从一个相对专业的系统，一步步走向通用系统。它不仅会成为中国的数字基础设施的底座，华为更有让其成为全球数字基础设施的底座的战略信心。这也是华为在构建"欧拉"时，从战略到战术都要扎根、深耕的重要原因之一。

其实从决定开源开始，华为就没打算从欧拉操作系统身上赚钱，对其投入的每一笔经费都是围绕着生态建设，做长远考虑。

所以，从openEuler的角度出发一定会把握这样的原则：一个全新的操作系统或者生态，不是为了不兼容，不是为了给用户制造麻烦；从华为的角度出发会这样考虑核心能力：对这个软件的掌握程度"有没有兜底的能力"。如果"欧拉"只是为了吃一碗面条，有必要从种麦子做起吗？那么从生态伙伴的角度来看，只需判断一件事：如果只是单纯地使用，大家能用到一个成熟的、主流的生态就可以了。

基于对生态伙伴方方面面的需求，华为更在意自己是否有掌控路线演进的能力，以及在最关键的项目上有没有理解它。

由这个诉求出发，在推动"欧拉"开源时，华为先让"欧拉"依托于"自用"来实践：华为所有的电信设备在用，所有的企业设备在用，云上底座也在用。这就产生了一个问题：即使华为所有的项目都用"欧拉"，也只是一小部分人用，怎么才能让华为外部的人都来用"欧拉"呢？谁会用？谁需要？如何吸引大家用"欧拉"？

此时外界对"欧拉"的认知显得有点"懵懂"。"欧拉"上线后，整个 2020 年和 2021 年，国家层面有很多部门都还在不停地讨论一个问题：什么叫根社区？什么叫国产操作系统？类似这样的词不断地有人提起，不断地有人去跟国家的相关部门解释这个概念。

华为可以举例，帮助外界理解根社区的含义。

比如就某一个场景而言，华为只能做一小部分的场景适配，还有一部分的场景适配如果要解决，就需要让中国具备相应开发能力的企业来做，甚至是一些政府单位、研究所来做。

又比如，围绕着"欧拉"已经形成了很多 OSV 的生态伙伴，中国三大电信运营商就是基于"欧拉"开发了自用的操作系统。大家都可以基于华为的研究，在自己的场景下进行适配。而且目前对方研究得越深，越会发现东西好用。

所以，只要越来越多的公司发现自己真的可以在"欧拉"里面获得商业利益，自然就会在外部形成一个链条。目前，这样的链条越来越多，形成社区。

当加入"欧拉"的行业单位突破 300 个时，"欧拉"也就慢慢地被推广开了。在这个过程中，华为不知道具体是谁在用"欧拉"，他们认为也不需要知道。汪涛就曾说："中国做大飞机的有可能在用，做机床的也有可能在用，因为他们可以从我们下一级的伙伴那里获得支持，自己构建能力。所以，我们也不是特别关注谁在用，只要有更多的人在用就好。"

几年前，徐直军主持推行的"硬件开放，软件开源"策略，就在大方向上明确并且细化了华为整个计算产业的生态战略——硬件开放、软件开源、使能伙伴、发展人才：通过硬件主板开放，支持整机伙伴发展自有品牌的服务器产品，由此构建硬件生态；通过操作系统、数据库、AI框架等基础软件开源，构建基础软件生态；然后再使能应用软件迁移并且逐步原生开发；同时致力于面向中长期的人才生态发展。

正是这一生态战略，让外界对"欧拉"的发展增加了更多乐观的预期："欧拉"不是华为自家产品的组件，大家都可以用、都可以装，生长在"欧拉"之上的商业冲突问题应该不存在。

事实证明，构建成生态的"欧拉"既能给客户提供差异化，又能实现比较好的平衡，因此，把"欧拉"的模式说成"欧拉开源新模式"一点也不为过。它构建了中国开源新体系，让众多企业既有竞争又有合作，最终的轨迹趋向，是大家一起合作共建欧拉开源社区。

邓泰华在评价"欧拉"的重要性时表示："欧拉"构建了全新生态，是软件的根，是整个软件的基础、生态的起点，是华为历史上里程碑式的转型，是让华为从以硬件为主体的公司转变为硬件加软件的公司，是从产品型企业向生态型企业转型的关键点之一。

正因为"欧拉"如此重要，吴峰光每向前走一步，都要时不时回忆当年领导决定开源的重要时刻。他说从"欧拉"的整个历史轨迹来看，其中最重要的一环一定是开源。是开源的决策，才让"欧拉"有了后续的一切和未来。

与此同时，"欧拉"是开放的，不仅要立足于中国，更要走向海外、融入全球。这个目标的进程一直在加速进行。在"欧拉"开源之前，华为的运营商部分用了 SUSE，部分用了 CentOS；在"欧拉"开源之后，华为将公司在全球的服务器操作系统全面切换成了"欧拉"。

不过华为并不是单纯地为了"欧拉"而去做这样的全面替换。邱成锋说，产生大规模替代有很多的因素，第一个因素就是 CentOS 停止更新，变为 CentOS Stream，客户担心现在的 CentOS Stream 的稳定性；第二个因素是每个厂商都有自己国产化的需求；第三个因素是每个厂商都有创新性的需求。基于以上几点，可能传统的操作系统已经不太符合厂商发展的要求，所以肯定需要替换。结合以上几个因素来看，历史似乎也在推动"欧拉"的发展进程。

内外因素的共同作用，快速促成了这次里程碑式的全球替换行动，前后历时一两年。

徐直军说："我们开源的是我们自己用了多年的操作系统，本质上它就是商业操作系统，所以大家拿去用了以后都说很好用。说到底，我们做'欧拉'就做了三件大事，一是决定做，二是开源，三是全面替换！"

在替换的过程中，华为进行了严格的工具评估，既要确保快速迁移，又要使其在迁移之后没有兼容性的问题，最后还有一个调优的过程。

新的操作系统"用得更好、更优"已经成为"欧拉"客户一致的感受。用邱成锋的话说，就是"欧拉"开始从能用迈入好用的阶段了。

210

第十一章

自己下场运作开源社区

在 2014 年或者 2015 年之前，国内绝大多数的企业还是在"使用开源"的阶段，之后进入了"贡献开源"的阶段，从 2019 年开始逐步进入"主动开源"的阶段，全国很多企业开始井喷式地发布新的开源软件。

不同公司或团队对开源软件的重视程度或者使用方式是不一样的。有的小团队是因为在公司内部斗不过，被逼得去外部生长，然后通过外部的 PR（公关）去影响内部的领导，最终让团队能活下来。

但开源一定得是商业模式、开源策略、治理模式以及投入的决心等问题都彻底想清楚并有了保证和背书后才能去做的事。这恰恰是华为做事的特点：只有被拍板确定的商业模式才可以支撑华为持续的投入，不能只靠文化、情怀。所以华为从第一天搞开源起，开源战略就只有徐直军所在的组织说了算。

从开源社区的参与者，到自己运作开源社区，看起来是一小步，但是对于华为来说，却是本质性的一大步。因为开源对于华为来说，是业务连续性层面看不见的"命根子"，其重要性一点也不亚于芯片和操作系统，且涉及业务的方方面面。

只管行动起来，不要管那些里里外外各种喷

尽管华为在 2019 年的华为全联接大会上宣布"欧拉"年底要正式开源，但开源以后怎么做，当时的华为高层都还没想那么细。

而开源的很多事看着不起眼，工作量却非常大。

在开源之前，代码和法务的梳理，开源的重构以及开源后的运作方式等前期的讨论让人无暇分身，加上缺少专业的架构师和技术专家，大家根本顾不上开源后"具体怎么做"等事宜。

而团队是簇新的，7 月份才开始组建，组织完全处在新建的阶段；产品其实也是簇新的，因为开源软件只是个产品，离开源社区这种基础设施还差得很远，可以说完全是两码事。

开源后，华为领导给负责团队提了个要求：即便代码不能正式开放，至少要先把网站建起来。负责团队犯难了：虽然以现在云服务的水平，一天甚至个把小时就能建起一个网站，从技术上来讲是不难，但是因为项目没有正式开源，几乎没什么内容可介绍的，甚至连组织架构也不清楚，如

果用很简单的内容加一个很简单的壳将网站建出来，那一堆懂技术的领导怎么可能会对"很简单的内容＋很简单的壳"这种网站形式满意？而且这毕竟是一个代表公司或者代表优质项目的软件公布，不仅要保证可靠，还要考虑华为高知名度下产生的吞吐量，所以做个网站还必须考虑压力测试。

终端设计方面也有问题：做技术开发需要的信息量大，开发者或许还比较习惯用电脑看网页，但现在是移动互联网时代，大部分的人更习惯用手机看网页，尤其是一众领导，他们更追求时效性，更喜欢用手机，那这端口该怎么办？

华为看上去很大，啥都有，其实可用资源依然有限，连应该配备的图形设计、UI体验等多终端适配开发人员都没有配备到位。李永乐一组4个人的团队只能算是临时拼凑的草台班子，他自己之前也"不是做这一行的"。所有的人在面对所有的问题时，差不多都只能赶鸭子上架，硬着头皮解决。

不出李永乐的意料，大家努力把网站建出来后，领导对此并不满意。好在半路杀出明星级的"鸿蒙"，吸引了所有人的注意力，大部分人来不及关心一个如此后端的操作系统网站是什么情况，所以没人想着去访问它，更不会"骚扰"他们。加上网站总体的流量不大，他们算是有惊无险地"过关"了。

9月至12月是年底正式开源前的"实战阶段"。实战阶段主要是建开源社区基础设施和相关人才培训，对公司内部之前从不在外做开发的人员进行初步培养，让他们知道在外面做开发是什么样的，社区里面又该用什么样的方式交流，怎么用 Git（分布式版本控制系统），市场营销（Marketing）团队该如何及时地向外界清楚传递产品定位。

"欧拉"开源后，下载量涨得很快，新事物带来巨大吸引力的同时，舆情问题也随之产生。有人质疑最早的 EulerOS 是拿着 CentOS 改的，那么现在的 openEuler 到底是不是一个 CentOS 的衍生版或者"换皮"的版本？

李永乐就网上质疑欧拉操作系统是 CentOS 的"换皮"版本的评论回复了几点：首先，我们要搞清楚 Linux 的发行版是什么，如果不懂这个问题，你讨论这个问题本身就有问题；其次，一个 Linux 发行版和另一个 Linux 发行版不一样或者一样，用什么标准来判断？比如说 CentOS 和 openSUSE 是不一样的，为什么不一样？因为它的关键技术路线和关键版本的选择完全不一样，由此导致的兼容性的结果不一样；再者，无论现在争论 openEuler 是个啥，我们其实都不 care（在乎），它能不能活下来，能不能为它的用户带来价值最重要。

"我们做事情要看价值，也要看轻重缓急。"吴峰光对"换皮"质疑的阐述相当有说服力，让所有不懂开源的人都能听懂，"我们目前的痛点在哪里？可能是'卡脖子'。那什么东西是真正'卡脖子'的？是别人开源的东西，还是没开源的东西？那肯定是先拿没开源的东西来'卡你脖子'，这效果比拿已经开源的东西来'卡你脖子'让你更难受。所以，别人已经开源的部分，我们不妨先用起来；别人没开源的体系，我们集中力量尽快补充和完善。体系不是一朝一夕就能做出来的，要做一年、两年甚至好几年。我们必须要抓紧做，实现自主可控，创建自己的体系。一个操作系统做起来，不是说单独一个操作系统团队去做的，而是背后有整个公司在支撑，有整个业界上下游在支撑，各方面贡献的各种原创、改进、优化，我们把它们集成进来，这才是真正把一个操作系统的竞争力和生态做起来。"

吴峰光是国内开源先行者，他在大学期间就开始给 linux kernel 做开源贡献，所以 2020 年加入欧拉团队时算是有开源经验的。他说："开源鼓励'抄袭'，但不是简单意义上的抄袭。开源协议的出发点就是要保护和鼓励代码的自由分发、使用和再创作。同时还要求保持新代码开源，鼓励回馈上游社区。"

商业公司看重版权合法合规，开源精神则鼓励复制，用的人越多越好，"抄袭"的越多越好，反正可以用 copyleft 开源协议的方式规定在这个过程中的权利与义务。copyleft 是一种授权策略，主要为了保护软件的自由使用和传播。因此商业公司用开源、做开源，一定是"有规则可循，照规矩办事"。

李永乐团队早在 2019 年的七八月份，也就是开源上线前的半年时间左右，就在内部做了论证——到底是继续跟着 CentOS 走，还是走一条新的路？新的路线必然是艰难的。

最终的结论是，选择走艰难的路。

其实在争议发生后的一年左右，CentOS 就宣布调整产品的战略。

CentOS 作为一个 RHEL[①] 下游的稳定发行版已经不存在了。提前抛却 CentOS 看上去像是华为的先知先觉，但其实是华为的底线思维习惯使然：要做，就从头做起。所以，华为所有的软件都要自己真正地开发，这和在过程中"过一手"有本质的区别。

华为对待核心产品"要自己真正地开发"的观念、底气，都源于华为做自研内核时期的经历。如果当时华为拿别的商用操作系统，或者拿已经磨合过商用质量加固的内核来用，只在上面做点增强也不是不可以，只是一旦开始的话，后面一定不会成就在内核领域里面有相当影响力的团队，更别奢谈对内核最基础的知识积累了。

---

① RHEL：Red Hat Enterprise Linux，红帽发布的面向企业用户的 Linux 操作系统。

生态建设就是"伙伴生态＋用户生态"

过去全球 IT 产业主要的生态领军企业都在美国，已经形成了成熟发展的生态体系，全球的企业和开发者都围绕着这个生态在做贡献。可以理解为什么目前很多开发者对于传统的 Ubuntu、CentOS 比较熟悉，但对"欧拉"需要一个从 0 到 1 的认识过程。"欧拉"的开发者要在被用户广泛使用的上游社区工作，与 OpenStack、Spark、OpenHPC 等做技术合作，通过社区的布道[①]，如技术交流会议、Meetup，以及一些普及性视频，逐步让用户和开发者认知并使用。

在吴峰光这样的技术骨干看来，有三种方式可以循序渐进地服务生态伙伴。首先，最好是在问题出现之前，就发现它们并使之消弭于无形。特别是面临长尾型生态课题时（比如某些兼容性和生态满足度问题），应

---

① 布道：源于布道者，布道者源自希腊语，意思是带来好消息的人。"社区布道"就是传播与推广社区，并把传播社区当作是一种生活方式。

借助高杠杆的技术手段，以较小的投入，把问题批量暴露出来并加以解决。其次，与生态伙伴面对面地交流，往往是增进了解、促进协作的最佳方式。比如吴峰光先后拜访麒麟软件、麒麟信安等伙伴，探讨了操作系统构建、生态适配、内核测试体系建设等诸多课题。这样的交流非常高效，能暴露很多问题与挑战，从而深刻理解生态伙伴的需求，在此基础上一起探讨解决方案，完善"欧拉"。最后，就是配合生态伙伴做方案联创和落地，做好技术支撑。比如美团当时需要对 MTOS 做质量保障和内核 CI（持续集成），发现欧拉开源社区开源了 Compass-CI，在做了详细调研后，他们决定引入。所以美团就主动找到吴峰光团队，双方密切配合，把 Compass-CI 融入美团的运维技术体系，跑了起来，最终与美团现有的业务系统结合得非常顺畅。美团不仅直呼"用得很爽"，还特地写了感谢信给欧拉团队。

华为计算产品线副总裁姚谨也曾亲自下场去吸引一些头部用户，比如和百度团队见面、交谈、讨论，向百度团队介绍"欧拉"能给他们带来什么，为他们解决什么问题。大家开诚布公地讨论了很多细节，最后百度终于同意加入欧拉开源社区。

同样，当麒麟软件面临很大的建设性问题时，无论是小到各种软件设备的操作，还是大到内核测试体系的建设，吴峰光他们都会派技术团队过去做深入的交流。华为通过与生态伙伴的合作，把生态满足度的问题都一一暴露出来，从而完善"欧拉"。

当越来越多的用户的痛点和生态问题被批量解决，用户就会自发地加入进来，形成一个正循环。生态飞轮需要众智聚合产生众力，才能将这个飞轮推动得越来越快。

贴近用户只是第一步，既然被寄予基础设施方面的厚望，华为希望未来欧拉开源社区的开发者能达到百万级用户的规模，让单元测试、集成测试等跑起来不仅稳定又可靠，还能支撑百万级规模的人一起协同。这不光是一个代码的托管，也不光是测试托管或者一些实质性的任务，它更是构建一个生态时遭遇的又一座迈不过的地标。世上有几百万到上千万个开源项目，真正让大家反复使用的也就是头部比较活跃的一两百个项目，仅这一条就足够把开源项目的成功壁垒垒得非常高。特别是在生态开创期，如何一开始就能够吸引伙伴和开发者加入，与产业共成长，是一件非常具有挑战性的事情。

华为从 CT 转战 IT，是一个很大的改变。从通信领域做产品，到计算领域做生态，思路又不相同。生态型产业有生命力，同时承载着更大的产业价值和社会责任。华为在一次次的挑战中，突破自己曾经到达的高峰。

姚谨深耕开源十几年，负责管理欧拉开源社区的运营团队。他说："生态建设是一个比较复杂的维度。我们说的开源生态，第一是伙伴生态，伙伴就是你在开源社区里面的重要合作厂商，怎么样让他们融入社区，怎么样鼓励大家更多地投入开源、贡献开源，是我们重要的生态建设思考。第二是技术生态，'欧拉'作为一个操作系统，它需要得到各个开源社区或者业界的支持，尤其需要到上游社区去做一些贡献来拉动或者对接测试，推一些好的特性到上游去做支持。这里，我们有一个小的研发团队做社区开发，让'欧拉'跟上游对接，把 openEuler 的一些内核和延伸组件的特性带到 OpenStack、K8S 等社区，牵引一些合作团队，让类似联通、电信这样的头部技术厂商一起来做，这是技术生态。"

Doug Cutting 先生（Hadoop 项目创始人）曾带给姚谨一些启示：第一是在构建社区的时候，要塑造一个好的环境，如果伙伴或者其他用户愿意做，一定要让他做，要推动和鼓励大家贡献；第二是关注用户的使用感受和使用效率，也就是用户生态。

当用户数量达到了一定的级别，安全方面也将开始面临新的挑战。虽然所有开源社区的贡献者，99.9% 都是充满善意的，但可能还有 0.1% 的黑客会来考验你的安全性、可靠性和稳定性。为了保证用户体验，这 0.1%的黑客也足够磨砺团队的智慧与耐心。

开源操作系统 Linux 的创始人曾在 2010 年的 LinuxCon 大会上谈到用户体验的重要性。他说："我们不仅仅是在开发一款操作系统，我们是在创造一个用户能够热爱、信任和依赖的生态系统。用户体验是我们前进的动力，它是我们与用户之间的纽带。如果我们不能提供令人满意的用户体验，那么我们的努力将毫无意义。"

用户体验是无穷无尽、水涨船高的，每一次用户的反馈和需求都是一次迭代的契机，指引开源社区向着更完美的目标迈进。华为了解这样的开源精神：用户不仅仅是使用者，更是开源社区前进的动力和灵感的源泉。

Compass-CI 助力开源软件生态发展

多年以来，全球服务器操作系统领域形成了两个最大的生态，一个是 Linux 生态，另一个是 Windows 生态。

这两个生态都吸引了操作系统、芯片、互联网等各方面厂家的巨额投资。然而，在服务器芯片方面，英特尔一家几乎垄断了市场。与此同时，国内服务器操作系统长期被 CentOS 与 Debian 系发行版占据大部分份额，免费市场占据主导地位；付费市场则有红帽、SUSE 两个全球竞争者主导，留给国内操作系统厂商的市场空间狭小，难以形成正回馈，更难以发展壮大。

国内芯片的历史机遇却意外地为国内操作系统的发展创造了条件，因为要做自己的芯片就需要做自己的操作系统。

然而每一个新生的通用芯片架构或者操作系统都面临巨大的生态适配问题。千千万万的上游开源软件开发者高度依赖免费用户"踩坑"来发现问题，缺少完善的测试流程和设施，即使像 GitHub Actions 这样广泛使用的 CI / CD（持续集成 / 持续部署）设施也只支持 X86。

这带来一个失衡的局面：新代码天然地在 X86 上打磨良好，广大开发者和用户习惯性地、众星捧月般地为优势生态添砖加瓦。如无有效措施弥补短板、跨越鸿沟，那么可以想见，生态发展会变成"强者恒强，弱者恒弱"或者发展缓慢。所以吴峰光在进入华为的第一年，就着力去做基础设施 Compass-CI，直接服务于基础软硬件的质量与性能保障，他期望联接和撬动上游开源软件，与上游社区形成良性互动，突破生态黑障。

Compass-CI 是一个测试系统，以开源的模式为两万多个上游开源项目的开发者提供每日的自动化测试服务。该系统会主动获取上游项目每天最新的代码进行测试，一旦发现问题，就会自动定位并发邮件给开发者，邮件会告知他们哪一个代码更新在哪个芯片和操作系统上出现了什么 bug，并提供详细的 bug 描述，从而帮助他们及时修复 bug，保证软件的质量。对于社区维护者来说，在源头堵截 bug 意义重大，对 ARM 的软件生态也具有非凡的意义。上游开发者几乎都在 X86 芯片上做开发，他们平时不接触 ARM，所以根本没有机会去关注自己的软件在 ARM 服务器上跑得怎么样。如果是在传统的开源社区开发模式当中，这个问题几乎无解。而 Compass-CI 则另辟蹊径，完全不依赖开发者自己有没有 ARM 芯片，开发者可以在完全不知道鲲鹏芯片和 openEuler 操作系统的状态下忽然收到一封私信，信中会通知他们有一个来自华为的机器人，在他们自己都不知道的时候，帮他们测试了自己的代码并准确定位了新的 bug。

这个事情说起来好像很简单，但如果不能自动化定位 bug，那么很可能找不到对应的开发者去 fix（修补）；如果报告 bug 太晚，开发者可能都忘了自己之前写了什么代码，bug 修起来就会比较慢，这个 bug 报告的价值就比较低了；而如果给开发者报告他的项目中有 bug，但实际上并没有 bug，是测试系统的误报，那么开发者就会抱怨……所以，bug 只有报告得又准又快，才能得到开发者的喜爱。Compass-CI 为 ARM 生态软件质量的规模提升与发现定位 bug 效率方面带来了一个跨时代的飞跃，准确的报告又再次提升了开发者的使用体验。

如何保持商业独立性？

华为在内核层投入了很多，其他处理器厂商加入这个社区时很可能会担心：成本怎么办？华为会一直为它付出吗？虽然华为体量大，成本还是可承受的，但一直付出会怎样？投入多了，会影响它的商业立场吧？

"一个基础软件或者操作系统社区，它的商业利益应该是中立的，比如说 Linux Kernel，它的维护者林纳斯·托瓦兹本人，就从来没有加入过任何一个商业化的操作系统公司。红帽、苹果、微软都邀请过他，他都不加入，工资再高也不去。这就是一种有益的中立性。从现在回过头去看，他至少做了一个技术平台，大家在这个技术平台上可以尝试合作，做出一些能够在我们的操作系统里面使用的基础软件来。我觉得这确实是迈出了一步。"张磊说，"如果没有中立性，就会有很大的问题。""还有在付费方面，不管是银行的，还是能源的，大部分企业用户原来用的都是免费的 Linux 操作系统，如 CentOS。如果让他们从用一个免费的系统变成用一个要付费的系统，成本问题怎么办？是不是要拿一部分免费给我们的目标市场用户使用？这些都需要探索。"

开源社区的商业化并不意味着商业势力的侵蚀，而是通过开源项目的商业支持和衍生创新来保证其独立性。开源社区倡导自由与开放的协作精神，无论是个人开发者还是大型企业，都可以自由地参与其中，分享知识和贡献代码，这个过程没有任何阻碍。这种平等的协作关系足以消除"一家独大"的商业势力对项目的操控。

刘文清说："欧拉操作系统走到开源软件这个模式上来以后，如果能走到服务产品化模式上去可能会更好。因为原来没有 openEuler 社区版，大家也不谈这个话题；现在社区版出来以后，大家有可能会谈这个话题。"

欧拉开源社区是新进市场的奋斗者，但外界并不清楚它的运营模式究竟是怎样的。

在中国市场，大家习惯了开源软件用许可证销售的传统模式；而在国际舞台上，像红帽、SUSE、Ubuntu 等开源软件基本都是走订阅服务模式，收入来自用户订阅，版本更新一般不收费。红帽在中国也曾采用订阅服务模式，但是中国从定价模式到审计体系都难以支持，这不仅影响企业和用户，也会影响财务的记账方式。用户会问：买个服务怎么才能确认到底花多少钱？领导也会认为你的价格高了或者低了。在中国商业环境的影响下，红帽转而采用许可证方式出售产品。

欧拉开源模式的出现，会不会对订阅服务模式的发展有所推动？

当然对于企业用户来说，他们并不知道换个欧拉操作系统有什么不同。"欧拉"的出现，至少让大家开始探讨服务产品化模式，刘文清觉得大概还需要一两年甚至三四年的时间去摸索。只有把服务的产品化做好，这个服务才是值钱的。

226

向 Apache 基金会学习

关于社区该如何治理，华为并没有经验。但开源界各路大佬对开源的建议已经流传甚广：《开放的文化和网络本质》《数字状况》的作者菲利克斯·斯塔尔德（Felix Stalder）倡导"要具备群体参与的意识，建立算法和决策的新意义"；《大教堂与集市》《新黑客词典》的作者埃里克·雷蒙德（Eric S.Raymond）表示，把你的使用者视为协同发展人，可以让你伤最少的脑筋，但要想做到源代码的快速改善，程式的除错有效率，要注重社区的协作和自治；Apache 软件基金会创始人布莱恩·贝伦多夫（Brian Behlendorf）鼓励多样性和包容性，以确保社区参与的广泛性和多样性。

前辈的建议都强调了社区参与、透明度、多样性和协作的重要性，他们的经验和观点足以让华为学习和借鉴，在实践过程中挑选出好的管理范式。

从技术上来讲，openEuler 和 Apache、Mozilla 以及 Eclipse 等开源软件社区都保持着一种合作关系，openEuler 可以持续从其他社区的成功运作经验中学习和借鉴。

姚谨推荐参考 Apache 基金会的管理模式。

全球最大的开源软件基金会 Apache，其治理模式有两个原则，其中一个原则是 Apache WAY，这种模式没有很细的规则，但是它要求你遵循一些原则。比如决策流程要在社区的邮件组里面透明、公开地讨论，这些邮件组也能被搜索引擎搜索到。所有的人都必须以社区身份来参与社区，而不能基于背后组织的商业利益，你只能以技术说话，以个人贡献者视角来讲，不能掺杂太多企业背后的利益。

另一个原则是 Meritocracy，也就是精英治理模式，所有的开发者都可以从外部的贡献者一步步成为有代码合入权限的 Committer。当然，做到 Committer 不容易，Apache 旗下总共不过数千名。然后到项目管理者，再到整个 Apache 基金会的 member。做到 member 这个水平的，在全球不超过千人，在中国不超过百人。道路虽难，但是有一个很清晰明确的上升路线。你的贡献，你的能力，以这种被提名、被选举的方式来进行确定。

华为在给 openEuler 做定位的时候，希望 openEuler 能有一些 Apache 的风范，有一天能够像 Apache 基金会那样做更多的项目辅导和孵化，能够带出更多成功的开源项目。

其实在 Apache 基金会的眼里，openEuler 已具有非同寻常的优势。openEuler 的开源项目可以先转化成 openEuler 的 LTS（长期支持）版本，随后再转化成合作伙伴或者客户可使用的操作系统，这中间的链路是通着的。这也就意味着在 openEuler 的设计中，所有的开源项目都可能直接接触到最终用户的使用场景，继而得到真实的反馈，使反馈途径更直接。

开源后，李勇主动帮"欧拉"维护 Bcache

李勇相信 openEuler 朝着开源的方向去做是对的。以前国内的一些 Linux 发行版，更多的是纯商业做法，这就相当于没有开发者社区这个"源"。无源就是无根之木，没法长久地去做这件事情。李勇从"源"这个角度来判断，认定华为肯定能把开源这件事做成。

所以，当 openEuler 开源之后，即便当时 SUSE 公司对"欧拉"的态度还不明朗，李勇还是去找郭寒军，主动要求给欧拉开源社区维护 Bcache 和 MD Raid 两个子系统，以个人开发者的身份参与到对 openEuler 内核的贡献之中。在他看来，参与 openEuler 这两个子系统的维护是举手之劳，不值一提。

郭寒军回忆道，当时 openEuler 内核在 64 位 ARM 的硬件上配置的页面大小为 64KB，Bcache 不能正常工作。李勇站出来说自己可以解决这个问题，但是他缺少工具：手头的 X86 硬件平台没法设置 64KB 页面，更糟糕的是没有机器做测试。一周之后，李勇意外地收到了一个特别大的快递，里面是一台服务器，是单路 48 核、两路 96 核的一个 64 位 ARM 平台的服务器，按照李勇曾经说过的硬件条件，内存、电源、服务器都给足了，是个高配的机器。尽管 Bcache 支持 64KB 内核页的问题最后是被别人解决的，但自从华为借给李勇机器以后，在主干内核每个版本的合并窗口之前，李勇都会在这台机器上对 64 位 ARM 进行验证，确认无误后，才会将所有补丁提交到主干内核中去。李勇在这台服务器上验证了相关 patch 是可以正常工作的，并做了将它提交到官方内核中，然后再发回"欧拉"的邮件列表里，请华为的工程师合入进去等一系列很有意义的工作。

中国科学院软件所深度参与欧拉开源社区

2019 年中国科学院软件研究所（简称中国科学院软件所）与华为签署合作协议，双方围绕操作系统研发、软件生态建设、人才培养等领域展开多元化的合作。同时，中国科学院软件所也从多个维度深度参与到欧拉开源社区的建设中。

中国科学院软件所总工、智能软件研究中心主任武延军，最初是在一个全开放的、有关操作系统技术支持的讨论中了解到欧拉开源社区的。他感觉华为工程师对底层技术的理解特别深刻。凭借多年的操作系统从业经验，武延军对很多底层问题的大概技术含量和难度有着清晰的认知，所以在跟华为的技术人员交流中，他完全能判断出华为团队的专业程度不亚于中国科学院软件所的操作系统团队。他说："在与华为合作后，我们觉得与中国科学院软件所追求的学术前沿和技术创新相比，华为团队可以站在产业前沿，也能场景落地，二者有非常好的互补。我们对欧拉开源社区的成长更加有信心，投入的决心也更加坚定了。"

从 2020 年中开始，中国科学院软件所已经在欧拉开源社区里面创建了 7 个 SIG。当时欧拉开源社区初始有 30 多个 SIG，中国科学院软件所希望能给欧拉开源社区多做一些比较底层的贡献。

双方还友好地合作，基于 openEuler 打造教学课程，形成了标准化的 openEuler 教学体系和实训平台；此外还推出了 openEuler 的知识连载，并且将 openEuler 移植到国际上广泛使用的树莓派开发板上。特别值得一提的是，中国科学院软件所针对开源软件的需求供给模式，提出了新的"开源软件供应链"理念，并在中国科学院先导专项的支持下启动了"开源软件供应链点亮计划"，激励科研人员、开源爱好者以及学生积极参与欧拉开源社区，贡献开源代码，降低开源软件供应风险，助力社区高质量、可持续发展。此外，清华大学附属中学的老师成立了一个叫"民族棋"的 SIG，带领初中的学生基于 openEuler 做了一些小应用，把 50 多种中国传统棋的民族文化传承下去。他们在这里面参与得很积极，相当于在特定领域里面把 openEuler 用了起来。

第十二章

『欧拉』第一个社区版本推出

欧拉开源社区上线一个多月，有两三万的下载量。

又过了一个多月，海外也有很多人在下载。通过 IP 分析发现，大多数是在中国这边下载的，其他的下载量源于欧洲、美洲。也就是说在 2019 年 12 月开源的时候，"欧拉"还是引起了全球相关产业的一些开发者的关注，而那时候还没有怎么做宣传。

而越来越多有意思的社区故事也就此展开，社区逐渐成为技术人员认识新朋友、"偶遇知音"以及学习新知识的乐园。在外人看来枯燥的技术开发，于他们而言，却有着非技术人难以领略的生机与乐趣。

"开源玩家"的奇遇与乐趣

相较于计算机各研发领域的枯燥，开源社区的工作或许是最令人乐在其中的，因为社区里汇聚了来自世界各地的人贡献的新技术、新趋势、新产品。在社区里，如果开发者没有短期的商业压力，看别人的贡献，以及自己去贡献，这种独立又随时能交互的协同体验，对技术人员来说就像是在做一种充实而健康的有氧运动。

在早期时，只有华为人为社区做贡献，但李永乐和团队的人做着做着，突然发现竟然有外人给他们提交了评审意见和代码。

这太神奇了！这人是谁啊？雷锋吗？大家都很疑惑，因为他们也没怎么宣传过"欧拉"，怎么会有外人来？

后来他们才弄清楚，这个人是麒麟软件的工程师马俊杰。麒麟软件需要跟华为做交流，于是麒麟软件就安排了一个人进社区来看看。这个工程师是麒麟软件少有的一个有开源头脑的人，他的领导只是随意地对他交代了一句"那个项目你去搞一下"，他就跑去看代码。看见社区里写了一些指引，说要在这个仓里面干活，他就又进到代码仓里面看李永乐他们在干啥，看了之后就开始提意见，一来二去，竟然和李永乐的团队建立起了联系。

李永乐认为这种不请自来投入社区共同建设的人，就是 openEuler 开源本身的魅力体现！

但这样知音般的友好协同在初期很少。开源后，很多厂商开始基于"欧拉"做商业发行版。产品在交付市场的过程中，欧拉团队收到了很多客户的质疑。因为"欧拉"不是简单地模仿别人，很多应用没给适配，所以它的生态跟原来的红帽等国际厂商的生态不可能完全一样，这造成了很多合作上的障碍。好在技术团队反应快，邱成锋他们迅速成立了"欧拉使能团队"，联合伙伴成立专项团队快速做生态适配，以全天候轮班、倒班的服务状态解决生态问题。

在这个过程中，要不是问题解决得及时，麒麟软件与华为的合作搞不好就"流产"了。当时麒麟软件基于欧拉开源社区版本做了商业发行版后，由于很多的南北向生态没有临时适配（北向生态是硬件，南向生态是软件），客户对此产生了很多的疑虑。这些压力直接压在了麒麟软件老总韩乃平的身上。韩乃平恰好是技术出身，而麒麟软件面对的客户比较复杂，他不得不面对这一局面。

为了不给合作伙伴带去麻烦，更不能让对方的技术负责人丧失信心，邱成锋及其团队 7×24 小时不间断地为这个项目付出努力，不敢有丝毫的松懈。直到项目在 2020 年六七月份上线的时候，邱成锋去了韩乃平的办公室，才知道自己前阵子"险些"丢掉客户。

刚开始韩乃平还很客气，跟他谈了两个多小时。谈到最后，韩乃平跟邱成锋说："刚开始见面的时候，考虑到你是华为的领导，所以我们很客气。但实际上我可以告诉你，如果你当时没有跟我成立联合团队，协同在上市之前最艰难的 3 到 6 个月的时间里把问题解决，我当时就放弃跟华为合作了。"

邱成锋团队的快速反应和艰苦付出，换来了与麒麟软件的合作以及深厚的友谊，两个团队建立了更加信任的关系，如今已经是"深度合作伙伴"。华为与麒麟信安、统信软件的合作经历也大致相同，技术磨合期的问题都有着相似的特征和经历，幸好都及时解决了。

第一个社区版本 20.03 LTS 正式发布

2020 年 3 月，欧拉开源社区终于可以联合麒麟软件、普华基础软件、统信软件、中国科学院软件所四家伙伴发布社区首个 LTS 版本。

3 月 27 日，"欧拉"第一个社区版本"长周期维护版本"20.03 LTS 出炉了。这是一个非常重要的版本，因为在短短两年间，"欧拉"已经从华为独自贡献的产品升级为社区集体智慧的结晶，成为中国开源史上独一无二的存在，对开源的长期发展有着深远的意义。

版本命名规则是用年月，20 是年份，03 是月份。江大勇说，作为第一个社区版本，它其实不是一个真正意义上的社区合作开发版本，因为 99% 的贡献者主要来自华为的员工。20.03 LTS 所使用的 4.19 内核版本是华为员工一点点抠出来的，以确保不会出现某些场景性能不达标的情况。这是起步阶段的一个必要过程。

为了吸引更多的玩家投入社区，第一个版本出来以后，邱成锋紧锣密鼓地跟麒麟软件、统信软件、麒麟信安等公司在欧拉开源社区里走了一圈。有人认为华为太雷厉风行了，跟这样的公司合作应该会"很可怕"。

邱成锋估计有不少观望的潜在合作伙伴会这样想，但事实和外界猜想的华为可碾压一切的情况不同，那时的"欧拉"正面临窘境——"没人用"！就像你辛苦培育出一个东西，然后拿到集市上去卖，却无人问津。

邱成锋当时其实很焦虑，就跟麒麟软件、统信软件、麒麟信安、中国科学院软件所一个个去谈。这些传统的厂商做操作系统多年，也算是有很多的积累。邱成锋就跟他们谈欧拉操作系统怎么好，性能怎么样，一开始他们都不相信。他又接着谈为什么做 openEuler 这个社区，这个社区的定位是什么，华为的商业模式是什么，讲了很多次，大家还是不理解。最后没办法，他就让这些潜在的生态伙伴自己拿欧拉操作系统回去测试。伙伴们拿回去测完之后发现，华为还真不是吹牛，欧拉操作系统好像真的做得挺好，尤其是在性能的各个方面，比传统的操作系统高 15% 到 20%。他们就开始觉得"欧拉"是真的有竞争力。

不出所料，所有人的态度都改变了——社区是大家的社区，而不是华为一家的社区，华为的开源是玩真格的，大家有了真正参与其中的感觉，而且每个人都可以感受到社区群体的力量和智慧在不断地凝聚。

20.03 LTS 版本之后，邱成锋持续重点投入了 3 到 6 个月的时间，把最艰难的一些生态适配和套路项目的测试做完，才觉得"欧拉"在这样的基础上，有能力"跟伙伴一个一个地建立起绝对信任关系"，进入一个绝对信任的合作阶段。

"部分厂商的代码贡献到欧拉开源社区后，其代码规范性和版本计划无法与社区协同匹配。所以在第一个版本开发中，我们发现其实在社区协同开发的过程中面临很多的问题，比如说双方怎样共同制订计划？企业的代码规范怎样对齐？随着外来的开发者越来越多，如果整体代码规范性达不到社区要求，开发计划就无法协同。"对此，邱成锋他们在社区里面设置了 Release / QA SIG 等组织，这些 SIG 会跟社区伙伴交流，怎么对齐版本计划以及提升代码规范性，有什么工具可以共享，在提升社区开发协同效率的同时，如何去提升协同开发的质量，等等。直到现在他们还在磨合，因为只有这样，社区才能真正成为一个产业协同的社区，大家才能共同开发一个高质量的社区版本出来，服务于这个产业。

江大勇记得刚开始做操作系统开源的时候，大家聚在一起吃饭都凑不满一桌。等到"欧拉"登场，开源社区登场，开源社区的生态登场，openEuler 的团队才慢慢步入正轨，团队的人也越来越多。到了 2021 年，团队吃饭可就不是坐一桌了，而是热热闹闹地坐了好几桌，看着颇让人自豪。

社区的成长和团队的成长，让每一个人都深受感染。

到了"欧拉"20.09 版本的时候，外部的贡献者已经快速提升到了 10%。到了 2022 年，SUSE 看到了 2022 年 3 月 31 日发布的 openEuler 22.03 LTS 版本的技术创新性。这是"欧拉"完成正式捐赠后发布的首个共建社区版本，合入了 openEuler 三个创新版中经过商业验证的创新特性，其中包括 Linux 内核的众多新特性。SUSE 也为 openEuler 22.03 LTS 提供了 Ice Lake 系列全支持和 SPR（英特尔芯片 Sapphire Rapids）基础特性支持。

华为再也不是单干了，集体的力量有了真正的显示度，社区开始有了本质上的改变。

首届 openEuler Summit 2020，超额完成"广而告之"

"欧拉"第一个正式的社区版本发布之后，华为终于决定在 2020 年将此事广而告之。

大家讨论了很久，决定开一个 openEuler Developer Day（openEuler 开发者日）的线上会议，会议时间定在了 2020 年 4 月 17 日到 18 日，参会人数的规模与 openEuler 20.03 LTS 发布会相同——1000 人。

会议当天在社区直播，第一天的上半场主要是大咖讲产品的特征；下午以及第二天则是纯粹关于社区的会。十几个早期比较重要的 SIG，围绕基础架构、应用、虚拟化和 iSula 容器等技术方向的特性规划和开发维护，分成三个会议室并行，进行详细的线上讨论。

令李永乐印象最深刻的，当然是他主持社区治理的那场会议。当时业界的开源圈、用户圈都比较宽容、友善，很多人都在线上给李永乐提各种建议。建议中第一个提到的就是关于贡献许可协议（Contributor License

Agreement）：比如我是华为人，我能不能在某个社区贡献是否是华为的管理员说了算？如果我本人离职或公司不允许我在社区贡献了，那么管理员会不会把我从贡献列表里踢出去？是不是只有签署了贡献许可协议，贡献者提供的内容才能被社区接受，否则提交 PR 请求时就会被拒绝。当时还有人提出来，要充分考虑企业的贡献情况，因为大部分的贡献者来自企业用户。

贡献许可协议和开源许可证以工科人的视角来表述，就是一个 IPO（Input-Process-Output，输入—加工—输出）模型。贡献许可协议是把握入口，开源许可证是把握出口，过程中间就是代码。

姚谨说，许可证决定了用户或者开发者拿到开源项目代码后，是否能够使用，以什么方式使用，是否能够分发，是否可以修改，以及做了修改和分发之后所承担的责权利。

2018 年开源界就曾发生一起许可证变更引发的纠纷：Redis Labs 宣布将 Redis 的许可证从开源的 BSD 许可证改为 Apache 许可证 2.0 版本（Apache License 2.0）。原本 Redis 使用的 BSD 许可证允许用户将 Redis 包含在闭源的商业产品中，而 Apache 许可证要求用户在分发时必须包含相应的许可证和版权声明。变更被一些开发者和社区成员认为是对开源精神的背离，一些开发者对 Redis Labs 的决定失望至极。

变更许可证为什么会引起这么大的风波？因为开源许可证的变更直接影响到开源软件是否能以合适的方式在市面上销售或使用，或者在市面上进行其他被授权的方式。

这一风波也引发了关于开源许可证和商业可行性之间的大辩论：开源软件到底是否能够在商业环境中持续发展？开源公司到底该如何平衡开放性和商业利益之间的关系？

许可证的重要性，把华为对开源的认知推向了一个新的高度。姚谨说他原先很重视开源的代码，因为代码决定了项目的技术走向，从代码里能看到技术是否先进、性能是否高效、功能是否完善，以及是否容易维护。它是开源的门面，也是开源的里子。

但是他现在认为许可证更重要。有时刚接触一个项目时，他会先看许可证而不是代码，因为许可证决定了项目社区对这个项目的实际定位，包括生态策略——是要构建强的主干避免分裂，还是希望分支能够更多，这些都可以从许可证授权中看出来。

来自多方的专业讨论让"欧拉"的生态建设理念日趋成熟。

为了加大推广力度，在 2020 年华为全联接大会上，华为正式举办了开发者论坛和沙龙，对开发者进行了针对性的宣讲。到了 2020 年底，由华为等企业牵头的第一届操作系统产业峰会以及 openEuler 开发者峰会（openEuler Summit）也顺利召开。

李永乐从首届 openEuler 开发者峰会这个非常草根、粗浅的线上会议中，得到了很多很有价值的收获。他说最终有超过 1 万人在线参与了整场会议，大多数人的反馈偏正向，会议可以说是超额完成了"广而告之"的任务。

通过这两个会议，"欧拉"和操作系统产业峰会的知名度才真正有了大的提升。

在首届 openEuler 开发者峰会结束之后，有着丰富的开源市场经验的梁冰也正式加入华为，负责 openEuler 的品牌以及生态构建。梁冰的职业方向似乎一直追寻着"赢家轨迹"，她判断市场、判断趋势，或许是为了用自己的所学去判断谁将站在"赢"的那一方。而华为的开源意识和能力，让她有了开动"最后一个赢家"冲浪踏板的强烈职业冲动。

不料，她才刚刚加入华为，华为就正式被美国列入"实体清单"。梁冰的判断是，只要"欧拉"产品够好，技术够好，解决方案够好，自然就会赢得客户和市场；要用技术社区生态营销的方法，让这个圈子的人知道 openEuler 是什么，华为为什么要开源 openEuler，openEuler 的定位到底是什么，为什么这是一个面向未来的技术，而不只是为了让鲲鹏能活下来才做的一个附属品般的产品。

和梁冰的市场思维模式不同，当时的华为还是产业营销的思路，觉得要做好 openEuler 的市场开拓，就要创造一套中国特色的方法论，比如用中国最行之有效的"政、产、学、研、用"五个方向的产业营销方式，去推动这个事情。

在这种大的思维方式差距下，梁冰感觉到系统性的挑战才刚刚开始，自己加入"欧拉"后面临的第一工作重点已经显露：如何让公司内外协同去理解和了解开源这件事情？

第十三章

极限压力下的意外：内核贡献全球第一

在美国政府再次挥起制裁的大棒时，欧拉开源社区已经运行差不多有半年的时间了，既有华为这样的龙头企业牵头来组织，也有操作系统底层对深度定制有迫切需求的国内厂商参与，更有追求技术极限的开源爱好者不断加入，大家纷纷把自己的能力贡献进来。在中国科学院软件所总工程师、智能软件研究中心主任武延军心目中，欧拉开源社区已经长成一个真正的开源社区应该有的样子。

但是欧拉开源社区和国际上的 Ubuntu、Debian 等社区相比，在开发者人数、活跃度、专业程度方面还有一定的差距。到目前为止，中国甚至都没有高市值的开源软件公司，相比美国的诸多开源软件公司动不动在纳斯达克上市，企业市值高达几百亿美元，老板有几亿的身家，中美在软件产业链、供应链上的持续贡献和主导能力是这一巨大落差的薄弱点。只有越来越多的供应链关键环节能够掌握在自己手里，才能最终实现开源的高价值。

那么如何把国内的开发者吸引过来，然后逐渐延伸到国际社区去吸引全球开发者，将是"欧拉"面临的不小的挑战。

2020 年 5 · 15，"欧拉"真正的"成人礼"

原以为 2019 年的 5 · 16 事件已经够狠了，然而事实证明，永远不要低估美国政府挥起的制裁大棒。

每一次制裁的落下，都在开源社区激起巨大的波澜。大家明白，只要中国没有自己主导的开源社区，命运将永远掌握在别人的手中。华为没有自己真正主导的开源社区，就无法掌握自己的命运。大家一直以为的面向全球开放的开源社区，其实并没有天然的"避雷针"可以躲避美国政府强大的"雷击"。

2020 年 5 月 15 日，美国商务部发表了《商务部针对华为削弱实体清单的努力，限制使用美国技术设计和生产的产品》的文章，禁止芯片代工厂利用美国设备为华为生产芯片，禁止华为使用美国的软件和技术来设计芯片，给予供应商出货宽限期到当年 9 月中旬。这一次，美国制裁的力度前所未有。芯片代工厂为华为生产任何芯片，只要用了美国的软件和硬件设备，就需要许可证。

这一次的供应链危机是前所未有的。"欧拉"赖以生存的鲲鹏芯片，无法如期生产和发布。

但此时失去 CPU 这一商业模式最重要的支撑的"欧拉"，被华为视为整个计算产品线打造生态的重心，其战略地位反而进一步上升了。

"欧拉"从此不再是配合鲲鹏的战略搭档，而是需要自己一马当先，成为华为打造产业生态的排头兵。

2020 年 5 月，在美国的极限打压下，"欧拉"完成了"成人礼"。

华为的淡定和自信

与外界的担忧截然不同的是，华为的领导班子、技术管理层都十分淡定，对华为的未来保持信心。

负责"欧拉"端侧的李金喜面对突如其来的制裁消息，感受是"没什么太大感觉，至少不意外，也没有手忙脚乱"。早在 2018 年他就准备离开华为去大学校园追寻他的教书育人梦，不料发生了中兴被制裁的事件，华为领导很警觉，立马成立 BCM（业务连续性管理）小组做积极的响应，组长是徐直军。软件院领导对李金喜说："你别去教书了，现在面临这么重大的变数，你来负责软件组的业务连续。"所以，不仅没走成，李金喜还成了软件 BCM 执行组组长。那时他们就开始讨论"制裁来临时"的应对策略：如果我们面临中兴的困局，华为该怎么做？如果美国宣布制裁华为，对我们有多大的影响？

"所以从我的软件组的角度来考虑，我们不单是面向基础软件，还包含我们的 Windows、Office、会议系统、开发工具链等，这些软件内容都要纳入我的工作组中讨论。"李金喜开始做整个软件的技术规划管理，要做所有的软件分析。他当时就向领导做讨论汇报，说："以前我们华为只做产品不做工具，工具都是用别人的。市场上有 3000 多款软件工具，其中 90%是欧美的。我们用什么软件都是去买别人的，以后别人不让你用了怎么办？"

李金喜从产业角度做了简单的分析，指出一旦被制裁，工具包就会成为必需品："欧美在软件方面提前跑了二三十年，就像人家花了几十年的功力做了一把好用的菜刀，本来大家都是用这把极好的菜刀，那如果你家也做菜刀，哪怕做到了 80 分、90 分，别人用惯了 100 分的菜刀，是不会用你的 90 分菜刀的。而你花大力气做菜刀也不能只给你自己一个人用，那你做 90 分菜刀能卖给谁啊？可是，如果被制裁了，那就不一样了，别人家里也要备一款 90 分的菜刀。所以我们不仅要自己做工具包，还要扶持上下游的中小企业，让这些做工具的生态伙伴能活下去。中国现在的工具体系和基础能力都比较弱，我们应该优先强化工具体系。"在这样的分析推动下，华为成立了单独的工具研发部，这个研发部开始投资 EDA、CAD、CAM 工具以及软件开发工具。李金喜说，在美国宣布制裁前，这些工作都已经就绪。

可以说，华为在被制裁前，确实已经尽量充分地考虑潜在风险了，只是当时大家防范的层面还只是"盯着 EAR 法规（出口管制）"，没想到美国竟然连法律也修改了。回过头来看，"幸亏"当年最早被制裁的中兴帮华为"抵挡了大半年"，让大家有一些心理缓冲，做了些准备，但也远远不够。一些华为的生态伙伴还长吁短叹地感慨：如果当年中兴硬气一点该多好，哪怕顶个两三年，也可以帮华为争取更多应对的时间。

最具风险意识的华为，不会对制裁毫无察觉。中兴事件是一次预警，更是一次预演。华为不是一个从小被富养的孩子，它经历的风雨、打击，甚至生死存亡的时刻都不计其数。在一次次劫难中探路的任正非面对这轮制裁，不可能像外界猜测的那样"瞬间发蒙"。

2020 年 5 月 17 日，在针对华为芯片最严厉的制裁消息出来后，任正非找了一些院士做交流。大家以为他是想让院士们出谋划策，结果一开场，他却说："今天我们不谈华为，听大家谈谈中国的教育。"

任正非没有预想中的慌乱。

在华为工作满 30 年的余承东，他领导的消费业务部门是这场美国狙击华为之战的旋涡中心，是最核心的重灾区。他就曾在微信中和友人说："三十年一起工作的个人观察：我们老板是 80% 积极向上 +20% 居安思危！"随后，他又纠正道："100% 积极向上 +30% 居安思危，也许这样更准确一些。"

而徐直军面对外界对华为的各种担忧和传言，更是直接说华为没有生存危机。"有什么不相信的？你看，我们到今天也没有裁员，工资照发，奖金照发，研发照样投入。真有危机，怎么可能呢？"

2022 年 2 月 5 日，正是大年初五，一份中美科技战的报告引发舆论的关注，我在微信中跟任正非分享了自己的观点，也想听听他的看法。他直接发微信语音过来，我一下就听他聊了半个小时。他谈论的还是关于中国的教育，中国的基础研究以及中国的知识产权问题；对华为面临的挑战轻描淡写，没有把它当作问题。

华为的淡定和自信体现在其行动上，尤其是在美国制裁下进行的一系列全新的战略部署。其中"鸿蒙"和"欧拉"，是整个产业界乃至整个社会关注的焦点。

顺着"鸿蒙"和"欧拉"的视野，我们可以看到华为新的视野和格局。

作为华为常务董事、ICT 基础设施业务管理委员会主任的汪涛，领导着华为数字基础设施整体业务的突破。"今天华为面临的挑战，我个人觉得比起当年华为拓展 3G 无线业务，困难肯定没有当初那样大、那样难。"汪涛的说法，让我们感受到华为的底气和自信，既基于现实，也基于华为的历史，有着双重的佐证。

当然，没有任何创新是一帆风顺的，也没有任何胜利是轻而易举的。华为在操作系统等基础软件的突破上，其难度和面临的困难，难以想象。

内核贡献，已经上升到全球第一

外界的风云突变，丝毫未影响"欧拉"的进程，此时欧拉团队的注意力正放在开源内核上。

2020 年，全球的开源商业模式已经相对成熟，开源界公认内核开源是不错的模式，它可以对免费软件和有增值价值的专利代码进行分层，保持自研价值组件的专利化。

梁冰从市场的角度提议，华为一定要把内核能力放到最核心的技术竞争力上去谈、去做，因为成果做出来后绝对不止利于华为一家，华为要有像英特尔这样的带头大哥一样的思维方式。

"为什么英特尔在内核上把持了 20 年贡献第一的位置却没有人能撼动？可见华为要做的这个事情是非常有意义的。所以，当时我就非常坚持一定要把内核贡献第一的事讲出去，还要讲明白华为为什么要贡献第一。华为贡献第一的原因是我们要把 ARM 的生态做起来，如果生态做不起来，使用场景就永远起不来，你的芯片卖一代、两代可以，卖到第三代就

253

很难了。对于 ARM 其他厂商，如安培或者飞腾等，总需要有一个带头大哥来推动 ARM 生态的建立。"梁冰说。

从内核的角度看 Linux 超级系统，它发展到今天算是非常成功了，但是从全栈角度看，它的大一统的生态仅限于内核，其操作系统的用户碎片化太严重，各种场景被垂直细分。

Linux 支持多架构和全场景，比如 Linux 内核编译的时候有 9000 个定制项，它竟然能做到从很小的设备到超级计算机的全覆盖，强大到"几乎能让一切在它上面跑"，但随之带来的痛点让内核一直饱受争议：它可以在企业两头通吃，可两头都是一些碎片化或者创新性、尝试性的东西，让企业不得不付出巨大的维护代价。

所以，做一个 Linux 发行版不难，难的是生态系统建设，以及长期的投入和维护，比如 bug 和 CVE 漏洞（Common Vulnerabilities & Exposures 通用漏洞）。针对这些弊端，华为 openEuler 的策略是"双向回合"，在三个版本的任意一个版本上发现了 bug 或者 CVE 漏洞，都会合入另外两个版本中。任何 bug 或者 Feature（功能点）都要保证南向接口 (API)、北向接口 (ABI) 的稳定。

与此同时，华为在 Linux Kernel 5.8 中的代码贡献（changesets）、代码修改行（line changed）和内核缺陷发现方面，都交出了一份亮眼的答卷。2020 年 9 月，从公司贡献角度来说，华为提交的补丁数量已经位列第二名，占比 8.6%，代码修改行位列第一，占比 27.8%。在之后的 Linux Kernel 5.10、5.14、6.1 版本中，华为都实现了内核贡献全球排名第一。

254

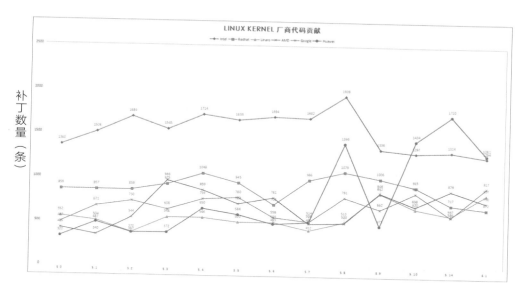

图 1   2021 年 Linux Kernel 厂商代码贡献

在 Linux Kernel 5.10 版本中，华为在 ARM64 架构、ACPI、内存管理、文件系统、Media、内核文档以及海思芯片支持等方面都有突出贡献。在 ARM64 架构方面，增强了 ARM64 64K 页下的 RAID5 支持，写性能提升 6 倍，减少 stripe_head 75% 的内存使用量，并支持 per-NUMA 的 CMA，提升性能；在 ACPI 子系统方面，支持异构设备呈现为 NUMA 节点，以及 ACPI DFX 重构准备；内存管理方面优化了 slub free 的 slowpath，提升了性能。

Linux Kernel 5.10 的生命周期正常应该是 4 年，但是华为认为 4 年太短，操作系统影响面太大，很多用户应该不想那么快切换版本。所以华为就在 Linux Kernel 里发起了一个讨论——能不能把 Linux Kernel 5.10 的生命周期从 4 年变成 6 年，如果可以，华为愿意为此去投入、承担相关的维护工作。经过一段时间讨论之后，有其他人加入进来，表示愿意共同维护，最后大家在 Linux Kernel 里面决定 Linux Kernel 5.10 的维护周期为 6 年。这件事不仅彰显了华为在开源社区的技术实力和技术影响力，也展现了华为对整个操作系统领域产生的影响力。华为的内核贡献开始增长。

郭寒军认为，华为在内核上的贡献之所以能在近年飙升，首先得益于华为有了自己的鲲鹏芯片。记得在 2011 年刚开始时，华为在每个版本的贡献只有个位数；到 2016 年、2017 年，贡献也不过上百。而英特尔有自己的芯片、驱动，有超多的特性可以往上传。当华为有了鲲鹏芯片，可以把自己的芯片的特性传上去后，其贡献便在 2018 年以后真正体现了出来。

机器人 Hulk Robot 就对内核做了贡献，华为内部把它叫作 Huawei Unified Linux Kernel，即"华为统一内核"，主要是为了用各种测试方式去测试社区主线。比如说通过模糊测试或者静态检测，可以观察到社区代码有哪些问题，给他们的每一个版本提供非常稳定的补丁贡献来源。又比如做机器的热插拔测试，以前都是靠人工去插拔，渐渐地，华为发现其实让软件去模拟这样的行为做类似于直接插拔设备的替代性操作，能够达到一样的效果，而且用软件替代后发现问题的速度比原来人工操作发现问题的速度快很多，减少了很多对硬件的依赖。

当然，最不可忽视的是意志层面，华为从上到下都非常重视此事，认为 openEuler 要强有力地体现华为在社区的贡献能力，否则其他厂商凭什么认为华为的内核能力强呢？

256

所以，这些因素叠加，华为在社区的投入就变多了。openEuler 社区技术委员会委员吴峰光拥有十余年 Linux 内核开发、上游开源社区贡献经验。他曾说，开源软件在蓬勃发展，却与新兴芯片、操作系统之间存在鸿沟，在生态上不利于我们发展国产芯片及其配套操作系统。而今，鲲鹏、机器人这些生态上具有科技生命力的新产品，以及内核贡献的上升，都佐证了吴峰光的看法。

后来，华为做到了社区贡献第一，成为 Linux Kernel Top20 贡献的企业里唯一的一家中国企业。在此之前，第一贡献企业是英特尔或者红帽。华为从刚开始做，到现在贡献第一，获得了圈内一致好评。连华为自己的人在跟英特尔的人交流时，也能从对方口中听到很高的评价。ARM 生态圈的企业也非常认可华为为推动 ARM 生态在上游社区所做的贡献。

内核贡献跃升引发的舆论，也并不都是友好的。郭寒军偶尔也会去看相关的媒体报道，尤其是负面的报道。"比如一个德国的同事，他在社区主线发了针对动态校验安全的相关补丁，无意中带了一个华为开头的名字，立马就引起了国外媒体的报道，什么这个跟政府相关，那个跟安全相关，全都变成危及安全的报道了。真的是无中生有，令人哭笑不得。"还有一些小插曲：华为给社区一个活跃的开发者发了一些补丁，对方觉得这些不是很重要，就在社区"喷"华为。这类事一般会在国内引起很高的关注度，让大众以为华为的工作做得不到位。但是国外的技术媒体，或者是国外写专业文章的人，反倒是反应平淡，因为他们更懂得这是企业对社区的贡献，是企业在提升社区的代码质量。

首届开发者社区技术盛会：
openEuler Developer Day 2021

"30 年前 1 个人贡献 1 千万行代码；30 年后 5000 人贡献 2 亿行代码。30 年前，它属于 1 个人；30 年后，它属于成千上万人。每一次 issue 都是关心，每一个 fork 都是关注；每一次 commit 都是创新，每一次 merge 都会被铭记，这是属于我们的 openEuler。"

2021 年 6 月 10 日，在北京举办的以"创造最好的 OS，成就更好的我们"为主题的 openEuler Developer Day 2021 在北京成功举行。

大会现场，中国电信云公司、中国联通数科、上海兆芯集成电路有限公司及无锡先进技术研究院正式成为 openEuler 社区理事会成员，社区用户委员会和品牌宣传委员正式成立；同时，百度智能云宣布加入 openEuler 社区，发布基于 openEuler 的 BaiduLinux 智能云操作系统。中国工程院倪光南院士在现场给了开源最掷地有声的支持："当今世界，谁拥抱了开源，谁就拥抱了信息技术的未来。"

大会由欧拉开源社区发起，华为、麒麟软件、统信软件、麒麟信安、普华基础软件等单位联合主办，是面向开发者的一场技术盛会。作为参与发起、合作与贡献的社区成员，这四家核心伙伴不仅推出了基于欧拉开源社区版本发行的商业版本，也正在欧拉开源社区开放、开源的原则下，与广大社区参与者及上下游产业伙伴一同孵化和培育更多优质项目，通过与开源社区的合作，打造创新平台，构建支持多处理器架构、统一和开放的操作系统，推动软硬件应用生态繁荣发展。

20多个月，600多个日夜

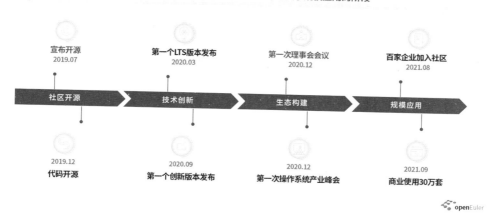

见证了openEuler社区历经四个阶段，迈入了规模应用的阶段

会上各位发言代表围绕"目前开源社区的现状及发展、社区生态、端云结合、openEuler 的发展走向"等主题发表了演讲，中国工程院倪光南院士、欧拉开源社区理事长江大勇、欧拉开源社区技术委员会主席胡欣蔚、百度云总架构师王耀等嘉宾针对上述主题进行了圆桌讨论。开源已经成为全球软件创新技术或产业创新的主导模式，开源社区是开源的源泉所在。

259

信守承诺，社区版本稳定迭代，持续演进和发展

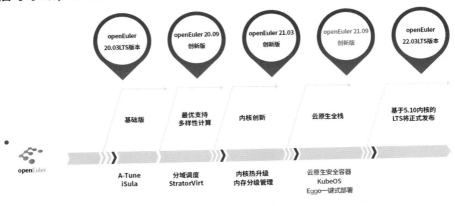

倪光南院士在多个场合都强调，中国目前是开源大国，但还不是开源强国，随着国内开源的不断发展，越来越多的开发者参与开源社区建设，中国的开源社区有望成为全球顶级的开源社区。openEuler 开源之后，带动了中国开源社区的新发展，openEuler 会是中国主导的开源社区的典范。

铸魂！"欧拉会战"打响，从产品变"数字基础设施"

2020 年，华为业绩没有出现下滑，但是增长势头已经被遏制住了。尤其是华为的智能手机业务，失去芯片后，就难以继续冲锋陷阵。相比之下，2020 年"欧拉"的势头，是华为业务中为数不多，真正处于高歌猛进的进程之中的。

华为为了解决自己"缺芯少魂"的问题，在公司内部开展"铸魂工程"。

2021 年 8 月 24 日，华为心声社区发布了《江山代有才人出——任总在中央研究院创新先锋座谈会上与部分科学家、专家、实习生的讲话》。在这次座谈会中，任正非提到了华为的"欧拉会战"，一场将持续两三年的"欧拉会战"在华为打响，会战的参与者既有原先的计算产品线部门，也有诸多相关的研发人员，约有上千人。

这让外界，尤其是一些"行业分析师""媒体大拿"非常意外："鸿蒙"之外，华为还有"备胎"？它叫 openEuler？

此时的"欧拉"与"鸿蒙"已内核共享。时任华为常务董事、ICT 基础设施业务管理委员会主任汪涛说："'欧拉'和'鸿蒙'内核技术共享后，将进一步在分布式软总线、安全操作系统、设备驱动框架以及新编程语言等方面实现能力共享，实现生态互通及云边端协同，更好地服务数字化全场景。"

openEuler 与"鸿蒙"一样，正承担着基础软件变革，从而支持数字经济全面繁荣的责任。它们各有各的地位，尤其是欧拉开源社区，华为在这方面有着明确而主动的规划，并不完全是被动推进。

看到这，如果依然把"欧拉"理解成"备胎"，恐怕是对"备胎"最大的误解，更是对"欧拉"最大的误解。

2021 年 9 月 22 日，华为计算官方先后发了两条微博，宣布华为将在 9 月 25 日的华为全联接大会上全新发布"欧拉"。消息一出，与"欧拉"相关的概念股同期全线上涨！

5 天后，首个支持数字基础设施的全场景创新版本 openEuler 21.09 正式上线。

新发布的"欧拉"正式从服务器操作系统升级为数字基础设施的操作系统，支持 IT、CT、OT 等数字基础设施全场景，覆盖服务器、云计算、边缘计算、嵌入式等各种形态的设备。从系统的可靠性、安全性以及保障方面来看，华为 EulerOS 已经储备了极具市场竞争力的技术特性，而一路飞速发展的 openEuler 在技术和生态方面更是具备了成熟的规模商用能力。这绝不是一个准备阶段的实验室项目，更不是一个"备胎"能达到的状态。

倪光南院士点评道："openEuler 社区已基本达到同类社区的国际水平。"这是对欧拉开源社区的最高评价。

其实在 2021 年，任正非已经意识到操作系统的关键性和重要性。欧拉开源社区的核心骨干也都意识到 openEuler 应该成为国内的一个根社区，通过这个根社区去实现对多样性算力的高效释放，构建繁荣的应用生态。

在上层意志的统一和坚定支持下，华为当然应该把这面大旗扛起来。所以整个 2021 年，欧拉开源社区的目标变得非常清晰：上半年要把 openEuler 技术层面夯实，下半年要对品牌进行升级，从原来的服务器做到全场景。"欧拉"有了一个更加全球化的清晰定位后，欧拉开源社区的贡献者数量从华为开源投入时的 300 多个，发展到 2021 年底的 7000 多个。

openEuler "出圈"

回顾操作系统的历史,几十年来,IT 产业在不同的发展时期形成了各自的操作系统。最开始是 PC 操作系统,PC 崛起是因为微软操作系统,移动手机崛起是因为 iOS 和安卓操作系统;工业领域做得最好的是美国风河的 VxWorks;通信领域形成了通信的嵌入式操作系统;服务器崛起又形成了服务器的操作系统;云厂家发展起来后,云又形成了自己的云操作系统。

因为不同的产业都需要一个操作系统,不同的产业又有各自不同的历史发展阶段,在各自的发展阶段又形成了各自的操作系统,于是它们又都有一个领军企业,而目前这些领军企业都在美国;不同的领军企业,还有着不同的操作系统体系,于是构成了一个又一个"软烟囱"。

这种各自为政的格局,听上去就很复杂。甚至华为大领导在面对这种复杂的格局时,偶尔也会迷惑地问欧拉团队:现在工业操作系统是什么情况?

面对这种复杂的现状，尤其是领导层对工业操作系统的迷惑，欧拉团队就开始思考与操作系统趋势相关的问题：未来的数字经济发展，不管是服务器、云还是边缘计算，都要水平打通，才能让不同的应用生态在一个操作系统上开发，再迁移到其他场景时不至于还要重新开发。假如在手机操作系统上开发的应用，因为有着不同的操作系统而不能跑在物联网终端上，就会形成相互割裂的生态……

这些问题层触发"鸿蒙"和"欧拉"的定位思路："鸿蒙"不是安卓的替代品，也不只是面向智能手机，"鸿蒙"应该是万物互联的多场景的智能终端，不论是冰箱、穿戴设备、电视、手机还是 iPad 等，都可以装"鸿蒙"。安卓不支持多场景，你不能把安卓装到冰箱上。有了这个定位，"鸿蒙"才可能超越安卓。

"欧拉"同理，不管是通信设备、服务器，还是云服务、公有云、私有云，或者边缘计算、工业控制设备，未来都可以用"欧拉"。

那么在工业控制领域里，可以一部分用"鸿蒙"，一部分用"欧拉"，一部分是"欧拉""鸿蒙"都有。要安全可靠，确定性时延，可能"欧拉"比较合适；要安卓这种交互式的体验，用"鸿蒙"更合适。从技术上看，欧拉操作系统要做到支持整个数字基础设施，全场景就只用"一套"操作系统。

那么该如何通过一套操作系统架构来支持全场景呢？这不是把服务器操作系统装在工业控制设备上，更何况也装不上去。华为把这个产品的创新叫作"软件的原始化"，即把软件模块做成组件化、原子化服务，基于不同的场景，构建出相应的适配版本，这些版本和"鸿蒙"是一脉相承的。能够做到这样，很重要的一点是因为内核团队都在中央软件院，大家在一个团队，因此整体的开发理念在底层逻辑上可谓"心意相通"。

2021年的第二、三季度，华为反复讨论全场景的定位，重点讨论"'欧拉'的定位是什么"。"鸿蒙"已经是"万物互联的智能终端操作系统"，那么"欧拉"就是"数字基础设施的开源操作系统"，因为"鸿蒙"是针对终端的全场景，数字基础设施就应该是覆盖了端侧以外的全场景，两者加在一起覆盖了整个数字全场景。

基于这个定位，华为在2021年9月的华为全联接大会上正式发布了"欧拉"新战略：一个"欧拉"，统一整个数字基础设施全场景的操作系统。华为对外给出了明确的定位："欧拉"加"鸿蒙"，就是面向未来的新一代操作系统。这一定位，是打响"欧拉会战"的底气，更是"欧拉"未来超越自我要践行的目标。

梁冰描述了她在这届大会上看到的openEuler"出圈"的盛景："在2021年的华为全联接大会之前，从企业操作系统的技术人员到高校的用户等圈内人，都对openEuler语境有基本的认识，可是圈外人多半不知道'欧拉'。在2021年的华为全联接大会之后，openEuler让国内产业界以及圈内圈外对操作系统更加重视，再也不会像过去10年那般没有任何人提及操作系统，也没有任何操作系统的峰会。"

如今openEuler已经成为全球开发者最关注的开源项目之一。有如此大的影响力，openEuler无疑已经是华为获得全球化技术优势的重要力量，甚至在服务器、基础计算的专业领域的影响力比广受舆论关注的"鸿蒙"还要大。

openEuler 真正体现出来的价值，是 openEuler 社区通过联合全产业伙伴，已构建出多样性算力的成熟生态体系，成为企业的首选技术路线。作为航母级科技企业，华为不吝为每一个战略之下的优质产品和平台投入资源，现在终于要在"欧拉"身上实现持续发展和创新了。

第十四章

生态，生态，还是生态

截至 2022 年 10 月，国内首家开源基金会——开放原子开源基金会，已经加速孵化 OpenHarmony、openEuler 等一批开源项目。在服务器操作系统领域，"欧拉"汇聚了 400 多家企业伙伴，包括芯片厂商、整机厂商、操作系统厂商、应用软件厂商等，吸引了上万名开发者，成立了近百个兴趣小组，用户数超 75 万，Pull Request① 合入超过 7.8 万。

华为曾在 2019 年底做了 3 年目标，要达成 300 万套商业应用，目前已达成 245 万套。

可以说，今天欧拉开源社区的生态已经初具模样。

想要探究华为的生态打造之路，最好的观察视角当然还是其与诸多合作伙伴的业务合作模式，以及这些合作伙伴对华为的客观评价。华为与合作伙伴之间的故事，远比华为本身的故事更加丰富多彩。

我们选择几个点进行观察，窥一斑而知全豹。

----

① Pull Request：一个请对方拉取自己的代码的请求。

让"欧拉"的开放日，成为整个华人地区开源项目的元年

欧拉开源社区积累的速度很快，从 2019 年 12 月 31 日正式开源，那些意识到要加入社区的芯片厂商、板卡厂商、整机厂商、支持 OSV 的软件发行版厂商、应用软件的厂商 ISV、云厂商都来了。

截至 2022 年 10 月，仅仅两三年时间，欧拉开源社区已经吸引了上万名开发者热情参与。值得一提的是，特别兴趣小组也越来越丰富，这些小组还在向数据的垂直方向发展，形成了一个庞大的多样性计算的生态圈。国内外的主流芯片厂商的加入，为欧拉开源社区的多样性计算奠定了坚实的基础；整机厂商也纷纷加入，快速推进了欧拉开源社区南向的生态①。

在操作系统这样一个承上启下的平台级生态型的软件里面，大家各有各的贡献，openEuler 的社区运营以及技术委员会让大家在社区里面找到自

---

① 南向的生态：目前南向生态是各种虚拟化、网络设备、存储设备等。

己的位置和团队，了解自己如何参与贡献，以及贡献什么。几千个开发者一起研发的工作如何协同，且操作系统每半年发行一个版本，这个工作量很大，非常需要社区有一个好的运营模式，能高效地组织协同大家的贡献和创新。

这个时候，生态运营越来越关键。"'欧拉'正面临如何有效地以开源的模式组织运作一个7000人的研发团队的挑战，这跟组织一个公司内部的300人研发团队完全不一样。随着社区的开发者人数迅速增长，'欧拉'正面临真正的挑战。"梁冰说。

梁冰在每一个开发者峰会都会召集所有SIG开工作会议，这个会被设定成"工作例会"性质，她希望能稳步维护开源的运营。"我常常跟大家分享自己的一个心得，开源社区最大的挑战就是如何以一种看似松散的方式来精心组织一个由来自不同公司个体的成千上万人组成的开发团队。开源只是一个开发运营模式，最终发布的还是一个版本，一个软件项目，开源软件也有生命周期，所有经典的产品营销方法论都可以用于开源项目的市场成功，而只有获得市场成功的开源项目才是有生命力的。"

吴峰光认为openEuler的文化氛围和协同创造力，是区别于其他开源社区的显著标志。所以，"欧拉"在生态伙伴协同的基础上，构建良好的生态是必须的。没有开发者和合作伙伴的共建，"欧拉"就算本身再优秀，也难走得长远。

openEuler在各行各业都有应用，但是"欧拉"能用在核心的系统里面，是华为捐赠的一个关键决策点。在"欧拉"没有开源之前，大家认为就只有服务器和云，以及嵌入式两套体系，其中红帽主宰一套体系，风河主宰一套体系。当华为把捐赠的事情提出来，说要在基于一个内核或者是一套构建体系下去做覆盖"全"场景时，在那一刻，"欧拉"已经不仅限于提供 ARM 架构服务，它通过充分释放多样性算力的能力来覆盖企业级的全场景，已成为一个领先全球的新思路和新想法。作为中国最具活力的开源社区，"欧拉"的产业和技术生态已构建完成，两年时间的发展速度赶得上很多厂商五六年的发展速度，"欧拉"取得了惊人的成就。

"我们已经走过了使用开源、贡献开源的阶段，2022 年在把 openEuler 捐赠给开放原子开源基金会之后，我们真的有可能进入整个华人地区的开源项目的元年。这个元年是什么？就是一个由中文主导的平台级的开源项目运作起来了。"梁冰说。openEuler 在开源之初就秉承全球化的定位，官网上线中、英文双语网站，每一个版本的《技术白皮书》也都提供中、英两个语言版本。而今 openEuler 的下载量来自全球 1000 多个城市，超过 140 万次（截至 2023 年 6 月），虽然现在还是以中国用户为主，但大家都相信接下来两三年在海外也会陆续取得突破。

走向国际，促进发展而非互相竞争

目前，全球最主要的两个操作系统发行版社区分别是美国成立的 CentOS 和南非注册的 Ubuntu。这两个社区更靠近上游的开源社区，与上游的开源社区连接比较活跃。红帽得益于自己多年的积累，有了更丰富的开源技术生态。德国的 SUSE 也是一家很强的 Linux 操作系统发行版厂商。那么"欧拉"该如何与诸如 SUSE 这样的公司建立合作关系，促进市场发展，而非相互竞争呢？

"欧拉"必须走出国门，学会把海外的贡献者或者公司也拉进欧拉开源社区的圈子里来，或在国际市场把"欧拉"推广出去。走出国门，构建全球化生态需要跨越语言文化的差异，还要找到合适的合作伙伴。当下，亚洲的开源社区习性和欧洲的相比都有所不同，欧拉开源社区需要探索出不同的思路和方向。在这个过程中，寻找合适的合作伙伴也是至关重要的。建立互信合作的双赢关系，可以促进开源技术的繁荣发展，以便更好地服务于全球用户。

未来在多样化方面，华为非常需要向国外顶级的开源社区学习，也需要和国内的生态伙伴合作。姚谨说："我们把德国的 SUSE，国内的麒麟软件、统信软件的合作都谈好，让彼此能够进行一些协同（合作）。在欧洲这样的操作系统生态体系相对成熟的市场，'欧拉'跟当地厂商需要建立的是联盟关系；而在操作系统生态体系相对薄弱的亚洲市场，'欧拉'需要跟当地厂商建立的是培育关系。无论是在欧洲市场还是亚洲市场，'欧拉'和当地厂商都不是竞争关系，而是合作关系，openEuler 已在中国市场将这个理念慢慢变成现实。"现在，在欧拉开源社区里的其他公司、其他团队也都特别重视欧拉开源社区以及社区周边的能力建设。华为希望用 2～3 年的时间把周边能力建设这块短板补上。

　　然而，就算欧拉开源社区已经补齐技术短板，支撑各种主流场景都非常令人放心，但是"欧拉"依然面临层出不穷的问题：如何与其他上游开源社区的贡献者形成"化学反应"，一同展开协同性的创新？

　　所以，无论华为是想构建一个嵌入式的场景，还是想构建一个边缘场景，通过工具直接按需定制版本，都将实现历史性的突破，也将打破操作系统稳定了十多年的生态格局。

德国 SUSE 加入，是重量级的携手

SUSE 在 Linux 阵营中，和红帽、Ubuntu 是最具影响力的三大中坚力量，更是华为一直寄予厚望的生态伙伴。早在 2017 年，SUSE 便开始在中国寻找一个本土化战略落地的契机，谋划将 SUSE Linux 技术引入中国。因此，它很自然地进入了"欧拉"的视线。作为全球开源软件巨头，SUSE 一直坚持"既做 Linux，也做 Kubernetes"，并对其他的 Linux 和 Kubernetes 都保持"开放的互操作性"的原则，这给与"欧拉"的合作带来契机。开源后的"欧拉"，将 SUSE 纳入生态伙伴的战略版图。

在 SUSE 看来，openEuler 并非 SUSE 的唯一选择，但似乎又是唯一的选择。因为国内出现了多个类似的开源社区，但这些社区或是过于以市场为导向，或始终言过其实，底层技术的创新突破是中国业界的主流思维，也似乎是一个口号。在开源企业中，只有华为有实力把一个操作系统发展为一个生态社区，并且注重运营操作系统的持久发展和与时俱进。这种实力体现在敢于突破现有思维定式，规划更底层、更长远的战略，以及不计

较短期利益的格局与魄力。

二者合作的契机在于，如果以 openEuler 为技术底座，将 SUSE Linux 技术植入融合，将让 SUSE 中国独立承担起一个产品研发的端到端过程。这是一次重大的变革，甚至在全球科技企业中也几无先例。SUSE 大中区董事长江永清说：“华为能把欧拉操作系统变成一个以中国为‘根’的社区化项目，并和国内生态伙伴中的竞争对手化敌为友，‘欧拉’就是华为一次成功的逆向思维的体现。”

从 2019 年中开始，华为就邀请 SUSE 加入欧拉开源社区，直到 2021 年初，SUSE 最高决策层才开始就与欧拉开源社区合作展开综合评估，评估内容涉及研发、销售、财务和税务等方方面面。到了四五月份，评估工作已经快速推进到执行层面的细节，包括具体的资金投入、资源投入、人力投入以及团队协同合作等。

SUSE 的中国团队更是着手同步前期合作的探索性工作，以便为决策层提供更多细节支撑。同年 7 月，SUSE 组建了完整的中国团队，团队成员涉及技术、研发、产品等，相当于把整个 SUSE 的工程流程在中国境内重新克隆了一份。和以前的商业交往程度相比，这是一个相当大的突破。

这种日渐亲密的关系，与当时华为被制裁的冷遇，形成了鲜明的对比，也凸显了 SUSE 在“欧拉”进程中的独特作用。那时华为的情况不容乐观：“实体清单”事件导致它与欧美企业的交流大大受限，虽然欧拉开源社区是一个开放的环境，欧美芯片厂商、硬件厂商可以在这个平台与华为顺畅地交流，但是各合作方还是有些担忧，因为不仅仅是华为需要确保每个动作都不会触碰美国的红线，就连合作方也得同样遵守。即便面临如此大的困难，SUSE 还是在风险中坚定地与华为达成了合作。

在华为眼里，SUSE 是独特的。多年来，很多外企在国内都设有研发中心，但它们只是将这类研发中心当作企业全球化组织的一部分，对总部来说是补充性的、依附性的存在，外资企业的中国研发部都要向全球总部汇报，最终的决定也必须跟着总部策略走，无法对产品和研发做决策，更无法完全贴合国内本土市场的需求，所以外企一般与国内本土研发部业务直接关联不大。SUSE 做的却是基于欧拉开源社区开发一个商业版本，与欧拉开源社区相关的工作也完全由中国团队完成。而华为也为本次合作注入了很多新鲜血液，以确保 SUSE 没有后顾之忧。这样独立又深度捆绑的合作，在外资企业当中是非常少见的。

欧拉开源社区携手 SUSE 为世界级创新注入新力量

SUSE 的定位是 go China，go global，服务于中国企业并且帮助企业的开源走向世界。这和欧拉开源社区"扎根中国，走向世界"的愿景非常一致。

SUSE 和欧拉开源社区还有一样的运作方式，都是以上游社区合入为最高的技术目标。同时它们也不会拘泥于一定要先合入上游的特性，而是依据客户需求、市场实际的变化来做快速反应。在这个过程中，SUSE 和欧拉开源社区在行为上也产生了更多的协同。

在 SUSECON 北京 2022 开源技术峰会上，欧拉开源社区技术委员会主席胡欣蔚分享了 SUSE 和欧拉开源社区从结缘到深度合作的历程，外界才知道 SUSE 对整个欧拉开源社区的贡献可谓"功不可没"。

华为在准备建设开源社区的时候，就已经和 SUSE 讨论过合作方面的事宜，合作范围涵盖新的硬件驱动支持、新的功能特性、性能优化、安全增强、问题修复，等等。SUSE 在这一次的合作中，积极参与了欧拉开源

279

社区和上游社区两方，为社区做贡献的范围也非常广，比如 SUSE 的工程师和技术爱好者深度参与欧拉开源社区的内核 SIG，对内核的特性做了增强和维护；SUSE 和英特尔一起成立的 Intel Arch SIG，很大程度上提升了欧拉开源社区参考平台对英特尔硬件体系架构的优化和支持，尤其是对英特尔新的硬件的支持；SUSE 还参与了 Release SIG 节奏设计，为参考平台发布的流程设计做了很多改进。

SUSE 充分发挥了自己作为国际化厂商的优势，在安全领域和欧拉开源社区一起参与国际安全社区的联动，包括对于开源软件上游社区漏洞的感知，以及对于安全启动技术在国内的适配。已经开始运作的欧拉开源社区服务支持中心以及社区 OBS 构建系统，也得益于 SUSE 在 Linux 领域深厚的技术积累。

"开源是促进信息时代到来的重要因素，很多人可能都没有意识到开源对日常生活、世界的影响力。" SUSE openEuler 负责人刘恺相信欧拉开源社区在生态伙伴的群策群力下正快速走向世界，而 SUSE 很愿意成为那个引路人。开源可以激发技术的创新，欧拉开源社区的出现也会将中国开源带到一个新的层次。

2022 年 6 月，SUSE 正式发布了基于 openEuler 22.03 LTS 的商业发行版——SUSE Euler Linux 2.0。

SUSE Euler Linux 2.0 是首个支持英特尔最新 Sapphire Rapids 平台的欧拉操作系统商业版，它在欧拉开源社区的基础上，提升了对现有英特尔平台和其他大量硬件的支持力度，极大提高了欧拉操作系统商业版本

280

的南向生态支持能力；引入了关键的企业级虚拟化、存储、网络等方面的增强，还大幅提升了欧拉操作系统商业版在关键业务领域的能力。这是 SUSE "开放生态、开源技术"的进一步举措。

江永清把 SUSE 和"欧拉"在此刻的定位和未来的使命表达得非常清楚："欧拉开源社区最终打造的不仅是一个地地道道的 Linux 产品，更是一个生态系统，二者之间的差异就如同西湖与太平洋：西湖很漂亮，太平洋也很漂亮，但西湖只是中国的一个内湖，欧拉开源社区要做的则是连通五湖四海的源头，成为一处把全球相关人才汇集起来的不竭的水源。既然欧拉开源社区要做这样永不枯竭的水源，那么欧拉团队就要能基于源头做开发，做到跟 SUSE 这个拥有 30 年积淀的老牌 Linux 厂商同样优秀的水平。他们希望 SUSE 能在一年之内推出一款稳定的 SUSE Euler Linux 产品，并且可以根据 Linux 的节奏，随着芯片和供应商的演进而持续不断地演进，成为欧拉开源社区里非常有节奏的语言。大家用着同样的语言，可以让'欧拉'的生态环境更加宽松，质量更加稳定。"

李勇也补充说："SUSE 决定参与到欧拉开源社区的开发中，推出 SUSE Euler Linux 产品，为我们的本土客户提供持续、稳定的支持服务。这是 SUSE 对'欧拉'最重要的价值所在。"

麒麟信安深度参与欧拉开源社区

任正非曾说，我们要做"黑土地"。

如果把"欧拉"当成黑土地，把麒麟信安视为大树，那么大树要能结果，甚至年产万吨，才是真正属于"欧拉"的成功与辉煌。

麒麟信安，大概算得上是"欧拉"这片黑土地上的一棵苗壮的大树。

麒麟信安操作系统的主要应用场景是国防和电力的信息安全领域。2022 年 11 月 29 日，搭载神舟十五号载人飞船的长征二号 F 遥十五运载火箭成功发射，指挥控制大厅内使用的就是麒麟信安操作系统。

但无论是麒麟信安还是其他国产操作系统，都面临着同一个问题——生态。

麒麟信安和欧拉开源社区的缘分始于 2019 年。当年华为刚要推出欧拉开源社区，麒麟信安的总裁刘文清第一时间看到了相关新闻。看完新闻后，他马上产生了两个想法。刘文清说："一个是知识产权的不确定，另一个是大家的精力都是有限的，如果自己单搞一个社区，麒麟信安就要重新学习如何做社区，我们这百十号人肯定不够，那还不如把我们这百十号人的精力放到关键行业应用中，主力做行业价值，让业内的同类企业集中精力去做'欧拉'的产业价值。我们先研究电网行业对操作系统技术有什么需求，然后带着客户需求参与欧拉开源社区的共同建设，不必为自己再搞一个社区了。"基于以上两个考虑，刘文清决定跟欧拉团队合作。

麒麟信安拥有强大的操作系统研发能力，华为鲲鹏和欧拉开源社区意图打造的就是国产操作系统的生态链，两者合作互补，且属于强强联合。

与欧拉团队深入沟通后，刘文清对欧拉开源社区的模式和意义理解得更透彻了："欧拉开源社区相当于一条高速公路的地基，而我们的发行版相当于给这条高速公路的地基铺上柏油，围上护栏，让它成为一条可使用的高速公路。我们既然也在高速公路上，就会有相应的运营责任，如果出了问题，我们要去解决，要去运营维护，也会收取相应的费用。当然华为在这条高速公路的建设中一定会参与得更深，而且既然是开源，它就可以在建设高速公路的过程中带动甚至销售附加价值模块，不然它怎么来维持这个社区呢？"

而欧拉团队当时之所以选择麒麟信安，是因为那时的欧拉开源社区还不像现在这么火，欧拉团队需要找到一些 OSV 来验证这个开源社区。如果开源社区没有发行版的话，很快就会毫无产业价值地"死掉"。同时，欧拉开源社区也需要行业的验证。当时其他操作系统厂商基本上还是在自己搞社区，而麒麟信安不打算自己搞社区。再者，麒麟信安在电力、国防工业有大量的客户和规模部署，这对于成熟的开源社区版本的商业应用培养是非常有合作价值的。

双方的合作，不仅仅能补齐各自的研发能力短板，还能让他们协同头部大厂开发出更具有用户群体特性的软件，而操作系统只有和软件相结合才能发挥出更大的市场优势。

双方在认知层面磨合了一段时间后，麒麟信安的战略决策很快就出来了：依托欧拉开源社区，协同共建产业操作系统根社区。

同气相求，同感相应，欧拉团队与麒麟信安团队对开源的理解，让他们对彼此的意义不断加深。他们完全具备了互相成就的条件。

为了更好地融入欧拉开源社区的生态，麒麟信安跟欧拉团队一起探讨制定操作系统服务产品化的内涵、标准和计价方式。他们在社区的深度融合，使得原来基于 CentOS 的麒麟信安的服务器操作系统，后续对欧拉开源社区的贡献仅次于华为。2022 年，麒麟信安还获得了华为年度"openEuler 最佳实践伙伴"奖。

麒麟信安相信，有了"欧拉"的助力，和华为等头部终端大厂一起打造产品生态，未来自己能更专注于桌面和手机操作系统的研发，同时也将更有实力地完成操作系统的国产化。

中国三大运营商：各出其力，互为生态

2021 年，欧拉操作系统在运营商市场中加速扩展，与本土三大品牌运营商均建立合作机制，市场占有率很快做到了第一，达到 32%。

华为在 2021 年实现全球销售收入 6368 亿元，净利润 1137 亿元，来自华为运营商业务领域的销售收入有 2815 亿元，而其中大部分的收入是由国内三大电信运营商贡献的。

中国电信是首个推出基于欧拉操作系统的 X86 和 ARM 自主研发双版本的运营商，当前已实现规模商用。自加入欧拉开源社区以来，中国电信一直在参与 OpenStack SIG 的工作，全程参与了 OpenStack Q 版本的软件迁移工作，并对其功能、兼容性进行了测试与验证；openEuler 21.03 发布后，中国电信通过与 Kernel SIG 的合作，对内存分层扩展（EtMem）的使用场景展开探索。

中国联通则在 openEuler Summit 2021（欧拉开源社区峰会 2021）上推出了首个自主研发设计的操作系统 CULinux 数据中心欧拉版，为联通云的基础设施带来一次焕新升级。联通云 CTO（首席技术官）钟忻说，CULinux（欧拉版）的加入，从运行环境上为联通云提供了可靠的基础。未来 5 年，中国服务器市场将迎来 26% 以上的年复合增长率，这也为欧拉操作系统的应用推广积累了广阔的增长空间。

在清晰的商业模式、商业路线与扎实的积累下，一个全新的欧拉操作系统生态正在形成。

中移在线（中移在线服务有限公司，中国移动的子公司）从成立起也坚持积极拥抱开源，完成了从原有操作系统到 openEuler 的切换可行性验证及商用上线。迁移操作系统后，相比原平台，新平台整体性能约有 5% 的提升。同时，中国移动也依托 5G-Advanced 双链融合行动计划，和华为在通感融合新领域完成了关键技术阶段验证。

但人们对中国移动和华为的合作关注更多的，不是华为给中国移动带来的技术，而是中国移动给华为带来的钱。2021 年中国移动一共向华为采购了总额为 800 亿元的网络设备、网络运营及支撑服务。根据华为此前发布的 2021 年年度报告，华为 2021 年收入 6368 亿元，其中运营商业务收入 2815 亿元。这意味着来自中国移动一家的收入约占华为总收入的 13%，而其占华为运营商业务收入的比例更是高达 28%！有很多人忍不住猜测，为何中国移动要在华为艰难渡关的路上给予其如此大的支持。

他们忽略了 2021 年中国移动的大单被诺基亚强势揽走 14 亿元，华为曾两度落榜的事实；忽略了华为送中国移动几亿元设备的事实：2021—2022 年，中国移动要采购 14 套 40T（1T = 1024G）以上的高端路由器，预算金额是 4.313 亿元。华为"白送"了中国移动 10 套 40T 高端路由器。按照华为的报价，这 10 套路由器的价值超过 2.5 亿元。

华为在意的、聚焦的是技术生态的共生，以及生态自下而上的发展。他们对高端路由器的二期、三期扩容以及技术服务维护合同非常有信心，就算不赚钱，也可以通过收许可证来回本。同样，中国移动最关注的也不是那 2.5 亿元的设备金额，而是想要获得数字化转型。华为几乎是国内"数字链条"上最强悍的合作伙伴。

目前，中国三大电信运营商均力挺"欧拉"。中国电信在电信行业中成为首家全业务选择"欧拉"技术路线的企业，同时在运营商中首个推出基于"欧拉"的 X86 和 ARM 自主研发双版本，且当前已实现规模商用。

"欧拉"市场：从竞争走向合作，统一生态

曾经有媒体这样评价华为，说华为一准备开始进入某个行业，通常会先以老大身份自居，"狼性"地抢占市场，然后上演"走自己的路，让别人无路可走"的戏码，就像是剧毒蜘蛛"黑寡妇"，所到之处寸草不生。

任正非显然很介意黑寡妇式发展的不可持续，他曾在内部发言时提出："华为不能再做独来独往的'黑寡妇'。以前华为跟别的公司合作，一两年后，华为就把这些公司吃了或者甩了。我们已经够强大了，内心要开放一些，谦虚一点，看问题再深刻一些，不能小肚鸡肠，否则就是'楚霸王'了。我们一定要寻找更好的合作模式，实现共赢，不要'一将功成万骨枯'。当我们在这个产业链上拉着一大群朋友时，我们就只有胜利一条路了。"

刘文清说："有时候与华为合作，就是与华为博弈。有些企业自己没有几把刷子都不敢和华为合作，特别是当企业自己的业务可能与华为的业务重合时，对方更不敢和华为合作。"

麒麟软件、统信软件、麒麟信安等企业敢与华为合作，主要还是看重华为的实力，尤其是他们看到后续华为与他们合作的意向和运作方法已经不像原来"黑寡妇"式的发展模式，相信华为确实是在做生态。

抛弃"黑寡妇"的行为模式后，华为在做业务决策时，很多时候就不仅仅是站在自身的角度思考，而是更自觉地站在产业链的角度去决定。但是华为与业界生态伙伴"决策层"之间的磨合需要时间，业界对华为的认知也没那么快改变。邱成锋觉得在这个发展过程中，欧拉操作系统生态遭受误解也是自然的事。他当时就跟韩乃平等人聊过很多次，花了些时间让大家慢慢统一认知，后面还在一块儿"扛枪打仗"，才让后续的合作与执行进一步变得顺畅。

和生态伙伴合作的结果，也验证了邱成锋一直强调的"统一生态"的战略优势：解决生态之后，其他伙伴可以快速复用，以"滚雪球"的方式快速构建生态。这种方式能把生态快速地累积起来，对大家都有好处。邱成锋更希望合作伙伴的贡献都能超过华为，这样欧拉开源社区才能真正成为"产业共建的根社区"。

趁着和生态伙伴展开全面合作的好势头，2020 年，欧拉开源社区又做了几件关键的事情，第一件便是支撑麒麟信安的信创比拼测试。麒麟信安基于欧拉操作系统出的版本，没有经历过信创市场，所以麒麟信安对于欧拉操作系统来说，像是检验生态共建的第一站。而信创比拼测试其实是一个关键的准入门槛，如果这个门槛能突破的话，后面就能形成很好的示范效应。华为召集了 20 到 30 个专家，大概花了 10 天的时间对整个基础搬迁模拟测试做优化，最后把指标做了很大的提升。在信创比拼测试过程中，华为拿到技术排名第一。第二件关键的事情是移动集采的测试。移动集采当时还是配套使能鲲鹏，做数据库、大数据、分布式存储这几个典型场景的性能优化。在这几个场景的测试中，华为也是排名第一。

在信创领域的这两站取得如此优异的成果，华为的服务器加操作系统的技术影响力就算是初步构建起来了。

"欧拉"的核心思想与"鸿蒙"的理念类似，即"不能只是简单替代"。如果只是做一个美国操作系统的替代，对行业的吸引力是有限的。系统不能靠政治驱动，因为环境也是在变化的；最终的用户价值也必须解决，否则它就不可持续。

那该怎么做竞争力？

唯有超越——一定要超越，而不是简单替代。这也是触发华为做全场景操作系统潜能的关键点。

钟忻说："欧拉开源社区现在已经快速成长为中国最具活力的开源社区，这得益于华为长期不断的投入和强大的工程师群体。华为在构建完生态，让一些 SIG 参与进去之后，就会往后靠，绝对不会自己跑出来主导。"

现如今回过头来看美国倒逼对华为的影响，汪涛认为，华为接近 30 年的发展，是一个围绕自己核心能力不断扩张的过程。这个过程使得华为对产业抱有长期主义的态度，华为做任何东西，尤其是一个新东西，从来没指望它能在 5 年内赚钱，而是做好了 8 年、10 年才赚钱的思想准备。这就像大兵团作战，因为华为选的是大战场，大战场一定会选择根技术。而只有强大的外力，才能使大战场发生巨大的变化。如同没有小行星撞地球的外力，恐怕主宰地球的依然是恐龙——在华为还在实行"备胎"战略的时候，美国的倒逼促成了一种暴力变化，加快了中国产业界共同创新、集体突破的发展态势和潮流，使华为从过去的"犹豫不定"变成"绝地反击"。

开启智能基座计划，培养更多的人才

华为一直希望能够在中国开源行业培养一批人才。

目前开源行业高职级的产业界人才在国内很难找。回顾过去的 10 年，整个中国市场上找不到一个跟操作系统相关的会。中国的 Linux 内核开发者大会（简称 CLK）虽然办了十几年，但是参会的总是同一拨做内核的"老人"，永远是一家凑 1 万元、几家凑几万元地合办一个很朴素的技术大会。

甚至因为操作系统产业的不繁荣，很多学校都取消了操作系统这门课。全国大部分领导级别的操作系统开发人才基本上被 70 后覆盖，也就是说，懂行的都已经是 40 多岁的了，年轻一辈的人才几乎处于"断档"状态。

这个赛道一直默默无闻，根本无法引起大家的关注。

华为期望有更多的 80 后、90 后甚至 00 后加入开源行业，搭建起技术人才梯队。而人才梯队模式最好像足球运动的模式那样。在足球运动发展得很好的国家，其人才选拔是要经过金字塔般的层层筛选，最后优中选优，组成 11 人的塔尖团队。所以，关键的不仅是足球场上的那 11 名队员，更是他们背后的巨型金字塔般的人才选拔机制，足球后续人才的培养和输送是连续的。否则光盯着足球场上的 11 个队员，给他们请世界顶级的教练都没用。同理，开源行业想要壮大，底座要强大，平台、人才梯队也都得有人，上下游都能赚到钱，如此中国的开源行业一定可以发展得非常好。

因此，华为开启了"智能基座"计划，跟教育部合作面向高校的操作系统人才培养计划，出版欧拉操作系统的教辅，与 72 所院校展开合作，如今参与的高校数量已达百家。与此同时，欧拉操作系统峰会则坚持以社区共同操办的方式举行，以期让合作伙伴、企业甚至学生到社区里直接实践。

梁冰一直对一个高三的学生记忆深刻："我们曾在 2021 年举办了一个持续三个月的大赛，参赛者可以注册一个 ID 到欧拉开源社区里面来参与解决一些任务。任务直接丢出去，参赛人员领的任务都是社区里的任务，或改 bug，或补齐文件，或解决一些小功能，每天就像打榜一样。若参赛人员任务完成得合格，他写的代码就会直接合入欧拉开源社区。所以，这不是一个只写一段代码的实验性质的大赛，参加这个大赛，参赛者的合格代码真的会合入欧拉开源社区下一个版本里去发布。参赛者中有一个高三的学生，他对开源项目很感兴趣。当时这孩子正好高考完，考入了一所英国的学校，没想到他在三个月内完成了 100 多个任务。大赛结束之后，他的排名进入了前 10 位。我们就跟他讲，你的代码真的跑在了千家万户的服务器上，你不是做了一个玩具，参加这种开源项目的价值，就是你的成果会走入社区，合到下一个版本里面。他自己也感到很骄傲，特别有成就感。他领奖的时候，他父亲还陪着他。可以说，欧拉开源社区因为开源，也成了一个人才培养和实践的好地方。"

做操作系统跟做应用开发不一样。外界流行"程序员到了 35 岁就有职业危机"的说法不无道理，因为以前学的那些语言到了 35 岁就会感觉都过时了。这是因为类似 Web（全球广域网，也称万维网）这种处于整个网络服务架构表现层的东西，三五年就是一套，更新换代快。做底层操作系统跟做应用不一样，反而非常需要积累，需要深入耕耘，做 20 年的操作系统研发，那正是黄金时期。一个有着 20 年工作经验的操作系统程序员不仅没有职业危机，在华为反而是绝对的珍贵财富。

第十五章

『欧拉』贡献，共建共享共治

华为愿意如此巨量投入并捐赠开源代码，原本就是抱着"我为人人，人人为我"的想法。但是华为突然有一天发现，原来开源也是有国界的！

开源社区并不是免费的午餐，虽然华为有参与一些国外的开源社区并成为主要的贡献者，但自己做的饭自己吃不了多少，甚至有可能不被允许上桌。在这种情况下，华为下决心要自己构建以中国为载体，或者以中国为发源地的一系列开源社区。不论是从华为自己的业务连续性，以及对中国的产业安全性考虑，还是为世界提供第二选择，华为都有必要自己构建。

中国是一个工业大国，也是一个 IT 大国，华为希望世界上的开源也有中国的一席之地。

快速跨越到社区，领会共建共享共治

欧拉操作系统以独立的姿态发展多年，整个产品的基线各不相同，因此，各种软件的选取，基础软件的库，上面打的补丁，以及软件版本的基线等都不一样。

此外，软件包的规模也不同。CentOS 有上万个软件包，而 2021 年的 openEuler 官方宣传显示只有 4000 多个软件包，不免让人担心，如果舍弃作为市场主流的 CentOS，选择 openEuler 的话，openEuler 能不能解决无缝平移的问题？openEuler 有没有平移所需的软件包？即便有软件包，那是否能兼容？各种配置以及接口是否能保持兼容？兼容性又有南向和北向的问题，南向包括各种服务器、硬件板卡的支持；北向除了操作系统自身带的软件包，还有各种第三方软件开发商的软件……兼容性的复杂程度，毫无争议地成了 2021 年 openEuler 最重要的课题，也是最烦琐的技术门槛。这个技术门槛能不能跨越，就看"欧拉"从一个版本到下一个版本的大版本升级能不能无缝切过来。

吴峰光针对兼容性做了一种切换工具。这个工具借鉴原来的系统去扫描，能知道有哪些软件包、哪些配置、哪些 API（应用程序接口），然后再做一个评估——搬迁到 openEuler 会面临哪些问题，其中哪些问题可以解决，哪些需要注意，哪些是原来只能在 CentOS 上跑，搬迁不过来的，openEuler 的保底措施有哪些？搬迁又可以分很多种，比如从当下这台机器的 CentOS 升级到 openEuler，或者加入现有的一个新机器的机群，等等。这些功能被做成一个"界面"，具有从评估到实施搬迁，到最终重启运行的一整套技术功能。

经过 3 年的积累，作为支持多样性计算的操作系统，"欧拉"已经能够支持 ARM、X86、RISC-V、POWER、SW-64、LoongArch 等全球主流芯片架构，并且取得了不错的进展。目前软件仓库中的 ARM 软件包超过 25 000 个，X86 软件包超过 16 000 个，RISC-V 软件包超过 23 000 个，为支持多样性计算最佳的操作系统构建了丰富的软件生态。

2021 年，国内厂商共建的欧拉开源社区以及"欧拉"的操作系统团队都建起来了，剩下的问题是：如何让大家从 CentOS 搬到 openEuler？如何让产品真正被用起来？"欧拉"正式迎接兼容性的挑战。

从 2019 年到 2021 年，"欧拉"的状态发生了巨大的变化：它最开始只是一个服务器版，成为社区之后逐渐汇集了与嵌入式场景、云边端场景相关的多场景的基础设施。这个自然演变的过程可能还会继续延伸到桌面等场景。其演进方向和速度已经完全超出了很多人的预先设想。

此时的"欧拉"面临的最大挑战就是快速跨越到社区。华为从零开始学习做开源社区，心里并没底气，大家也都没有建社区的经验，但对社区建设提出的"共建、共享、共治"原则是成熟的。用吴峰光的话来说，就是"只要大家能把社区建起来，就算是很大的成功"。

未来的挑战是生态挑战

2020 年的挑战是鲲鹏的兼容性，2021 年的挑战是操作系统的兼容性，2022 年的挑战是搬迁升级。连续几年下来，这一系列的挑战早已不再是单纯的技术挑战，而是"生态挑战"。

吴峰光回顾"欧拉"的发展脉络，给出了一句让人印象深刻的评价："华为做'欧拉'的出发点是做生态，它最终的成功标准也是生态。"

2020 年 2 月 24 日，华为在巴塞罗那召开 2020 年的第一次终端产品与战略线上发布会，华为高级副总裁余承东多次强调"1+8+N"全场景生态战略。其中，"1"指的是智能手机，"8"指的是平板、PC、穿戴、智慧屏、AI 音箱、耳机、VR 和车机；"N"则是在"8"的基础上，进一步连接更多的设备，主要包括移动办公、智能家居、运动健康、影音娱乐、智能出行这五个模块。"1"和"8"都是华为自有的产品，而这个"N"是要打造一个强大的生活场景的生态链，是基于华为"1+8"的自有产品连接万物。

2021 年 5 月 17 日，当时的华为轮值董事长徐直军在深圳的华为中国生态大会 2021 上发表致辞。华为中国政企业务总裁吴辉以"因聚而生 有能有为"为主题，表示到 2025 年，华为中国政企业务的目标是 2600 亿，华为希望在这个基础上与生态伙伴一起共创超过万亿的价值新空间。

生态已经成为华为在各大场合、各大会议中的高频词。而且不止"欧拉"一个产品，华为所有的产品都将为生态而生。

吴峰光被业内称为"中国内核第一人"，每一个内核技术的要点、难点，他心里都有数。以他专业的技术视角，去看华为整个技术轨迹——从通信走向 IT，再从 IT 走向 ARM 生态，走向操作系统，能看到华为发展的每一环都以 IT 作为重要的使能器，为业务提供服务，支持未来业务发展。在做 IT 基础设施的过程中，华为通过建立一套世界级的 IT 基础设施，不仅可以提高自身的核心竞争力，还足以支撑华为从一家产品型的公司转型为一家万物互联的生态公司，也就是平台型的公司。

"欧拉操作系统早在 2012 年就开始了。2019 年自研芯片和自研操作系统成为中国未来的研发趋势，而中国正好需要一个自己的开源操作系统。华为要拥抱开源，要用平台的思维去做事情，在这个过程中开源是非常重要的一步，不开源就不会有后面的生态，操作系统的核心就是做生态。"

为了给生态伙伴提供基于 openEuler 的软硬件产品对接测试、适配迁移、生态品牌推广、人才培养等公共服务，华为开始建设欧拉生态中心，制定产品发布管理办法，受理、登记欧拉开源社区及相关发行版公司认证的产品，发布"欧拉"产品清单，编制"欧拉"应用产业白皮书、政策蓝皮书，发布重点行业、核心场景的创新应用案例并向全国推广。

而应对这一系列的挑战，只有华为一家参与运营远远不够，华为需要打造欧拉生态国际性产业组织，以支持欧拉开源社区开展兼容性测评、开发者发展等活动。这样才能发挥全球计算联盟、全球智慧物联网联盟在欧拉生态的国际平台作用，持续扩大操作系统生态领域的影响力。

"欧拉"被正式捐赠给开放原子开源基金会

2021 年 11 月 9 日，操作系统产业峰会 2021 在北京国家会议中心线上、线下同步举办。会上，华为宣布，携手社区全体伙伴共同将欧拉开源操作系统正式捐赠给开放原子开源基金会。这标志着"欧拉"从创始企业主导的开源项目演进到产业共建、社区自治。

"欧拉"才开源不久，为何很快发展到"捐赠"这一步？这或许与开源界近几年发生的几件闹得沸沸扬扬的"国际封禁风波"事件不无关系。

早在 2018 年，Slack 开源系统就曾在事先没有任何通知的情况下禁止了伊朗人的账户；2019 年 11 月，GitLab 被曝拒绝招聘中国工程师；2020 年初，GitHub 竟然封禁了属于微软的前端开源项目 Aurelia，理由是"项目中有两名来自伊朗的外部贡献者"。

GitHub 与 GitLab 是全球最大的两家开源软件代码托管平台。GitHub 被微软收购，GitLab 被谷歌投资。GitHub 封禁 Aurelia，相当于自家人封禁自家人的项目。被禁的伊朗开发者愤而发帖控诉："GitHub 是以为我在造原子弹吗？"

软件一般分公有账户和私有账户，私有账户本来就有权限限制，勉强说得过去，但公有账户被禁止就实在太过分。封禁发展到如此荒唐的地步，终于惹怒了一众开源理想主义者，他们把微软骂了个狗血淋头。微软迫于压力，解封了账号。GitLab 在 2020 年 10 月封禁了伊朗地区的账号，但两年后也解封了。

其中的曲曲折折，最终因为开源界一直没有丧失的真正的开源精神，以及开源界理想主义者的大声疾呼而得以拨乱反正。

大家自由贡献、自由使用，通过大量来自世界各地的互不相识的程序员，在无直接经济回报的情况下贡献代码，原本是开源界永远不变的主旋律，但是"开源"被赋予的非常美好的期许，架不住越来越复杂多变的现实。

华为不得不考虑，假如在中美竞争中，美国真的不允许中国访问已有的国际主流开源社区，那该怎么办？

这个时候，华为希望自己能成功塑造一个理想主义者的角色：把"欧拉"捐赠出去，自己只做一个纯粹的贡献者。这才是孵化"欧拉"后，对"欧拉"未来的成长最负责任的做法。

江大勇觉得捐赠首先是一个自然发展的结果，其次确实是一个好的"归宿"："openEuler 初期实际的运作是以初创企业为主的，合作伙伴还是有些顾虑。我们把这些信息都反馈给了公司相关的主管和领导。刚好那时基金会也在不断地向欧拉开源社区抛出橄榄枝，商量着大家能不能到基金会一起来做。"而关于捐赠的这个选择方式，江大勇给汪涛、徐直军，包括老板都做了报告。江大勇说："我们领导对捐赠持开放态度。如果对产业发展和 openEuler 的推广、发展有帮助，公司是不反对捐赠的。所以，我们就跟基金会做了一个相关的讨论。之后公司内就做了相应的流程决策，正式同意捐赠，捐赠的时机就选择了 2021 年 11 月 9 日的操作系统产业峰会。"

在欧拉操作系统被捐赠给开放原子开源基金会之前，以华为为首的运营工作已经运作了两三年，所以这次捐赠的整体开源代码、开源社区及相应生态的表现都比较成熟。时任开源基金会理事长的杨涛说："'欧拉'的独立性、自主性是比较强的，把项目运作到一定程度再捐赠给基金会也是一种常见的模式。"

开放原子开源基金会是一个中立的机构，成立的时间不长。作为中国唯一的开源基金会，它可以快速地聚集国内的产业链。基金会本身也有全球化、国际化的规划，计划 2024 年在欧洲、亚太地区等地开设分支机构。这些分支机构和国内的一样，连接产业链伙伴做生态的聚集。

国际上著名的开源基金会，如 Linux 基金会、Apache 软件基金会，管理着很多成熟的开源项目。而 openEuler 作为一个社区，有欧拉开源操作系统全量代码、品牌商标、社区基础设施等相关资产，这次捐赠的资产就包括：数百万行华为自研代码版权和知识产权许可，超过 8000 个经华为和社区验证的软件包，openEuler 以及相关项目的中英文商标品牌共 30 个、域名 4 个，构建服务与测试体系、代码托管、社区运营平台等社区基础设施。华为在将欧拉操作系统捐赠给开放原子开源基金会的同时，承诺不推出商业发行版，而是支持独立软件开发商（OSV）推出各个领域的商业发行版。这样的捐赠方式，会使社区的中立性有所改善。

张国盛强调捐赠后的"欧拉"的身份转变对其可持续运营至关重要。他说："在'欧拉'这个开源项目中，我们应该以主力贡献者的身份去参与，而不是以华为内部的项目来管理社区的运作和管理架构。因为捐赠前，'欧拉'是华为的；捐赠后，我们应该将自己定位为一个重要的贡献者，并及时转变角色，真正为欧拉开源社区添砖加瓦，给大家做好贡献。那么，当我们站在贡献者的角度时，华为的内核团队和开源产品团队都要努力，一起打造'欧拉'的竞争力。这样我们既是'欧拉'的重要贡献者和社区运营者，同时也是 ARM 架构的支持者。"

在"欧拉"被捐赠给开放原子开源基金会之前，让大厂相信华为能做这么大的一件事并且真正地加入，是一件很不容易的事。但随着"欧拉"慢慢创造更多的价值，欧拉开源社区正吸引更多的用户和伙伴来参与。目前，像百度、京东等头部用户都已经加入欧拉开源社区。

而要使新角色与行业发展需求、国内数字经济发展需求的大环境相匹配，"欧拉" 就得打通各种应用场景，用一套操作系统架构、一个操作系统生态、一个操作系统体系覆盖原来的垂直场景。

站在新愿景上的"欧拉"需要有与其定位相匹配的新打法。这样的操作系统的工作量、涉及领域，不是一家公司、一个组织能完成的，它需要集合相当多的科技力量共同构建。

"数字经济的领先需要强大的数字基础设施，而基础软件是数字基础设施的魂，魂强则体健，本固则枝荣。欧拉操作系统开源以来，获得产业界积极响应，已发展成为国内最具活力和最主流的基础软件生态体系。"华为常务董事、ICT 基础设施业务管理委员会主任汪涛在捐赠致辞中表示，正式宣布华为将欧拉开源操作系统全量代码、品牌商标、社区基础设施等相关资产，捐赠给开放原子开源基金会，汇聚更多产业力量，以更快的速度建设更强大的数字基础设施。

　　因为这份捐赠的承诺，自欧拉操作系统开源以来，用户数增长迅猛。从 2020 年开源到 2021 年 9 月发布升级版"欧拉"时，用户数已经达到 30 万；到 11 月将"欧拉"捐赠给开放原子开源基金会时，用户数更是达到了 60 万。华为内部依然不懈地发起"欧拉会战"，要对标"做数字基础设施操作系统"这一新定位，补齐"欧拉"的能力。截至 2023 年 6 月，"欧拉"已经实现了三年前的愿景——"千家伙伴，万级开发者，百万全球用户"。

　　"操作系统作为最基本、最重要的基础软件，是计算机系统的内核与基石，直接决定了数字基础设施发展的水平。"时任工业和信息化部副部长王志军在视频致辞中高度肯定"欧拉"捐赠的重要意义，"'欧拉'，这一操作系统领域的重量级开源项目捐赠给基金会进行孵化，是我国抢抓万物互联时代发展先机，以开源为抓手打造下一代操作系统，筑牢经济社会发展'数字底座'的有益尝试。"

　　捐赠后，银联等金融机构，中国移动、中国联通和中国电信三大运营商以及百度等多个领域的用户，都在自己的自营业务和对公业务中增加了软件包，做了许多替代。这些替代在产品打磨和满足社区、用户需求方面发挥了积极的作用。

中国工程院院士廖湘科认为，开放开源是发展操作系统这类基础软件的重要途径。当前，国产操作系统大量是基于国外上游开源社区做二次开发，大量软件开发人员为国外的开源社区做贡献，因此迫切需要构建根植于中国的开源社区。经过十几年的探索，操作系统产业内部都深知建立自主软件生态体系是一项长期的战略性任务，特别需要统一行动。统一的操作系统开源社区，使分散的创新活力变成有凝聚力的攻关力量，既能避免分化及碎片化，又能通过开放治理，广泛吸纳全产业的力量，在合理的社区治理框架和机制上有机协同，最大限度发挥各方合力。

在宏观层面，"开源"也迎来好消息。开源于 2021 年首次写入《中华人民共和国国民经济和社会发展第十四个五年规划和 2035 年远景目标纲要》，将实现新的创新突破，国家将开源提升到国家战略高度，致力于将"开源大国"发展为"开源强国"。

随着社区活力肉眼可见地快速增长，"欧拉"吸引了越来越多的全球开发者参与，技术生态也快速发展，在硬件厂商、基础软件厂商、应用软件厂商、系统开发商、开发者到用户的全产业链之间，开始形成欧拉团队梦寐以求的"产业正循环"。

捐赠是一种全新的尝试

SUSE 正式加入"欧拉"，是在"欧拉"捐赠之后。很多人说，捐赠是让 SUSE 加入"欧拉"的"临门一脚"。

"欧拉"开源将中国开源带到了一个新的层次，"欧拉"捐赠让生态伙伴走向世界，而 SUSE 全程发挥了"欧拉"引路人的关键作用，更在捐赠这一刻用实际行动表达了对"欧拉"的支持。

自"欧拉"捐赠后，开放原子开源基金会在推动开源项目的发展上起到的积极作用，让许多企业对其寄予厚望。许多中国企业在海外策略上希望通过开源社区来丰富和利用国家的 IT 基础设施。那么，如何通过"欧拉"把中国的开源社区好好运作起来？如何通过开源的社区管理和集中政府、产业、企业、科学以及整个学术界的力量，齐心协力地开启"共建、共享、共治"开源模式，让中国的软件产业走出一条光明之路？

这可能需要从国家层面构建好开源平台的规则和开源协议，但具体的项目运作还应由企业和开源社区自主决策。这时候，社区在兼具国家主导的方向性和技术自身的灵活性时，维持这两者之间的平衡显得尤为重要。

操作系统的产业空间在全球就这么大，早已形成"老大、老二吃得饱，老三、老四饿肚皮"的固定格局。操作系统的"老大"微软在操作系统产业中一直占据领先地位。"老二"红帽在中国慢慢崛起，成为中国市场的第一选择。虽然 SUSE 在中国的合作也在逐渐增加，但是除了微软和红帽，其他企业较难迎头赶上。再看看 CentOS、Ubuntu，它们的日子其实并不好过。

"欧拉"的捐赠，算是华为在操作系统产业里一个很有勇气的、全新的尝试。

有人诟病说，华为捐赠得是不是有点晚了，你都已经运作得非常成熟了，我想插手也插不进来，就好比七八成熟的牛排，我来了就只能撒点胡椒面和盐，想做贡献也已经晚了。

"如果'欧拉'还是生牛排，我们到底是烤是煎，还是炖牛肉汤，做的方法是不一样的，所以早捐赠和晚捐赠决定了它未来发展的大致方向。"杨涛说，"华为可以做手机、平板、车机、穿戴设备，但华为不会去做起重机、卫星、农业领域的专业设备。终端侧五花八门、场景丰富，而这中间有很多产品华为是不会去做的。"而正因为"欧拉"偏服务器侧，并没有终端侧那么多的场景化，openEuler 晚点儿捐赠也是合理的。吴峰光说："反正无论是从技术角度、内外部合作方投入角度，还是从开源生态角度来看，openEuler 都是一个占据天时、地利与人和的真正成功的社区。"

310

要学会开放治理

美国投资机构 a16z 曾说过一句关于社区的名言："对于一个开源公司而言，如果代码不是竞争力的护城河，那么什么才是？社区才是。"

社区是比代码、许可证都重要的"护城河"。社区对应的治理方式就是"开放治理"。

很多人对开放治理有误解，说"怎么开放了你还治理？"开放治理，是不要治理，大家都能自由地来去，自由地做任何事情，还是既要开放又要治理，一边做开放性的动作，一边定治理的规则？这到底该怎么理解？

实际上，开放治理覆盖的内容比上述被质疑的内容更全面，它是指用开放的治理手段达到社区开放的成果，社区开放的成果反过来促进社区的繁荣。这是一整个过程，应该说有过程，有手段，有结果。

"自己做开源社区有很多种方式。社区有开放的和紧闭的，如果是开放的，还要分是全开放的还是半开放的。我们希望有开放的社区，开放的治理，Open Governance。"姚谨在 2021 年 6 月 5 日的 2021 中国开发者生

311

态峰会上谈了自己对开源未来的看法，"社区代码是静态的，代表了项目当前的状况；但社区代表人在社区里参与所有的动态，这些人决定了代码未来的走向、版本和无穷的潜力。即便你有一个不好的代码，但是只要进来一波优秀的精英，这个代码就迟早会一点点地变好。反之，就算你有很精致的代码，只要社区里厉害的人走了，这个项目代码也迟早会过时、腐烂。所以，开源项目最重要的三要素就是：代码、许可证以及社区。"

社区的代码重要，但是社区更重要——这已经成为开源社区治理最主流，也被认为是最先进的管理手段。

埃里克·雷蒙德曾说："优秀的开源项目在很大程度上依赖于开放的社区参与和自由的协作。"他强调开源社区的自组织和协作的重要性。万维网的创始人蒂姆·伯纳斯－李（Tim Berners-Lee）在谈开放治理时说："开放的讨论和合作是推动项目成功的关键。"

欧拉开源社区当然深度认可开放治理所具有的不拘一格和先进的开源文化，华为庆幸有人能对开放治理进行深入探讨，因为他们迟早会在探究中发现，"欧拉"的做法和所有国际性知名的开源社区一样，决策和治理权力早就不再局限于那些高高在上的核心团队或管理层，而是让每个社区成员、贡献者和利益相关者都有机会参与其中，鼓励每个社区成员提出自己的想法、讨论问题并积极投票。这使得华为打消了自己干预社区的诸多质疑。

在欧拉开源社区，决策权是分散的，决策过程是公开透明的。"欧拉"时刻在传递一个信号：在观念和发展路线上，用开源和捐赠来表达自己对开源社区的治理，是国际潮流中"最先进"的那一个。

捐赠后的最大挑战和最大益处

"欧拉"不仅要捐赠，捐赠后还要持续运营，让它能有长久的生命力。全球的开源项目太多，项目开源后丢到社区里不会自己生长，况且真正活下来的开源项目又有多少呢？从这个角度看，当下欧拉开源社区的技术、生态、商业已经完全闭环，能够实现自我循环和成长。未来每个参与的企业在这个项目里既要贡献，又能够实现自己的商业目标，并在此基础上，一起共建、共享、共治。这才是"欧拉"保持一个负责任的开源态度和捐赠的前提。

张国盛把这一发展方向细化成了三个可执行的关键点：首先，需要有一批在 IT 或相关领域具有较强综合素质和能力的大型企业来共同主导，以确保长期投入。其次，开源孵化的方向应该聚焦于中国市场，必须有完整的产业空间和产业价值。没有产业空间和产业价值，其他人就不会参与。这意味着大家应该能在中国市场上看到几十亿，甚至上百亿的巨大市场空间，人们愿意参与并解决中国市场从 0 到 1 的问题，如此发展意愿才会变强，才能形成开源的重要吸引力。如果产业空间和产业价值足够大，甚至可以考虑完全开源并免费提供，这样大家"至少有的用"。再者，开源社区的管理和运作机制应逐步走向成熟，建立相互信任的文化和机制。这对于社区内的企业和企业之间的商业合作非常关键，因为众人拾柴方能火焰高。

这些关键点让张国盛看到"欧拉"接下来面临的考验。从战略层面看，"欧拉"可以说是华为从产品型公司转变为开源型或生态型公司的一个重要标志。但从战术层面看，在这个转变过程中，华为并没有直接的商业回报，反而需要支持生态伙伴赚钱。不仅如此，华为还要在捐赠之后，保持战略定力，保持中长期的投入，更要保持敏感，让"欧拉"的业务边界管理非常清楚，这个执行过程将非常具有挑战性。

邱成锋并不担心"欧拉"捐赠后会对华为构成多么大的挑战，因为捐赠之后的"欧拉"将不再是企业行为，而是产业行为了。华为需要让 openEuler 成长为行业、产业的根社区。所以站在行业的角度看，openEuler 要具备帮助产业解决问题，解决客户的诉求并获得认可的能力，这样才能得到所有人的支持，包括产业伙伴的支持、院士的背书以及政府的认同。所以"欧拉"真正要直面的挑战，是用户。它的基因注定了社区必须始终以用户为中心。

这个挑战项在 2022 年反倒干脆利落地爆出势如破竹的利好：欧拉开源社区里面的企业已有 800 多家，预计很快会突破 1000 家。这个企业数按同等社区的水平来评估，应该已经超越全球所有的开源社区项目了。千家企业的数量在一个社区体系里面足够大家共建一个生态。

战略搞定，战术搞定，产业不愁，用户不愁，从社区的企业数量上来看，openEuler 已处于全球领先位置。但华为依然要面临"高质量"的考验——从量变到质变，从数量飞升到质量优化，需要从 1000 家企业里发展出核心的头部企业去支撑社区的发展，支撑社区国际化的进程。所以，找到最合适的企业去捐赠，让其持续地演进和发展才是最重要的。

现在的 openEuler 更多的是在吸引"除美国以外的国际化厂商"，但这不是华为的挑战，而是社区的挑战。应对挑战，最重要的发力点就是社区治理水平和运营水平的提升；其次是社区的基础设施的完善，一个国际化的开源社区必然会面对来自全球大量的参与者，基础设施在协同过程中对"欧拉"是一个很大的挑战。

当然，不可忽略的是，"开源文化"也将是"欧拉"面临的另一个巨大的挑战。开源文化摒弃拿来主义，以贡献为荣，贡献就是它最大的价值。

"欧拉"要孵化出有世界竞争力的项目

而今，中国正处于开源的黄金时代！开源软件作为一种非垄断性和非排他性的知识存在，已经是软件世界的重要基础设施，更是数字世界不可或缺的未来。

麒麟软件 Linux 操作系统专家陈棋德感觉"欧拉"从 2019 年到 2021 年的变化是，它从最开始的服务器版发展成为社区之后，汇集了很多东西，现在的发展方向已经不是最初想象的那个方向了。"比如说嵌入式的用到了云计算，就变成多场景的了，这一定不是'欧拉'设计好的。又比如 openGauss 原本是基于 PPT 的，结果图数据库来了，持续数据库也来了。再比如 SUSE 加入后，在'欧拉'内核上发布的欧拉版，就把它多年积累的补丁打了进来，一共加了 3712 个补丁。随着参与的人越来越多，各种各样的想法都有，慢慢地，它就形成了一个社区自然演变的过程。"陈棋德估计"欧拉"还会再演变出类似桌面这种场景的可能性。

截至 2022 年 12 月，"欧拉"在中国服务器操作系统新增市场份额超过 25%，早已远远超过 15%市场占有率这一操作系统领域的生死线，正式进入国内操作系统第一梯队。openEuler 技术委员会委员吴峰光说："一个真正的操作系统，安身立命的本钱就是用户，其他的都是锦上添花。"而欧拉开源社区 2023 年 2 月的运作报告显示，openEuler 的用户超过 108万，累计产生 5.24 万条 Issue、9.58 万个 PR，全球下载量突破 100 万，海外开发者数量已有 1000 多人，SIG 有近百个，创建了近 9000 个代码仓。按照吴峰光的标准，这些数据足够"欧拉"安身立命。

张国盛能感觉出社区里正发生的巨大变化："原先自己做产品，很多事自己能第一时间直接感知到客户满不满意；但现在不是了，现在和伙伴一起做，要通过社区和一些客户的间接反馈，所以对于产品方向的优化改进，不完全是第一时间感知到。基于新的社区管理体系，你得更敏感，更加理解行业的需求和客户体验。这对我们来说，是最大的管理挑战。"

得益于开源激发出的澎湃动力，openEuler 累计装机量和市场份额进一步提升，已实现主流计算架构的 100%覆盖。"欧拉"在基础软件领域，依托全产业链的力量，通过开源共建的方式，构筑了关键的技术根基和创新机制，规模部署在各行各业的核心系统，形成商业的正循环，快速跨越了一个技术路线的生态拐点。

吴峰光表示这个阶段也是"欧拉"发展历史中的标志性阶段："openEuler 正以开放式的、基于互联网全球式的协作、高度透明化的社区方式，加速成长为一个有生命力的开源社区。"

"欧拉"的快速发展，为"欧拉"的管理写下振奋人心的注解。2022

年，欧拉开源社区在新增部署上进展显著，在中国操作系统领域的新增部署增加了 200 万套，明显在规模上进入了第一阵营。随着社区的深度发展以及各行各业对开源操作系统的认知提高，张国盛预计"欧拉"的使用规模将继续增加。他希望 2023 年整体能做到 300 万套，让"欧拉"能保持"最大贡献者"的状态去投入。

汪涛对"欧拉"风貌的改变也颇感自豪："我们之前都是想着在别人的生态基础上添砖加瓦，每个科研设计也都有一堆人做，但我们从来没想过自己去搞一个科研社区。基于这样的历史，大家一开始对自研社区还是有畏惧感的。其实当你踏出这一步的时候，你就会发现，只有往前走，把它走成功了，为整个中国产业界做了些东西之后，才知道美国构建的社区并不是不可挑战的。"

此时的"欧拉"，可以说已经站在了一个全新的起点，所有关键的技术根基和创新机制都已经构筑完成，后续的技术创新障碍也已经解决。欧拉开源系统在各行各业核心系统中投入了规模部署，打通了从处理器、整机、OSV 到 ISV 的完整产业链，充分激发了产业链活力，形成了一个正循环、自加速的生态发展体系。

但是，在华为领导层看来，新起点依然是"一个使命的起点"，足以为傲却也让人产生更多的忧患意识。"欧拉"建立的时间比较短，它还需要时间去积累，需要有孵化出项目的能力，而且光孵化不够，还要孵化出有世界竞争力的项目。到那个程度时，欧拉开源社区才算真正取得成功。因为这才能代表"欧拉"的竞争力和活力，证明其有能力建立生生不息的生态。

"欧拉"走向全球化的必然

2022 年 9 月，"欧拉"首次亮相全球顶级操作系统开源盛会——欧洲开源峰会 2022（OpenSource Summit Europe 2022）。这是疫情暴发以来首场在欧洲举行的线下大型会议，有 2000 多位来自全球的开发者以及欧洲的用户参加。作为这个峰会的新面孔，"欧拉"吸引了包括施耐德、西门子、爱立信、博世、巴塞罗那电信、瑞士铁路等在内的开发者和用户的注意，他们对欧拉开源操作系统的多样性计算、开源软件供应链管理、软件生命周期和版本规划等都非常感兴趣。

谁能想到，如果时间倒推 5 年，华为都没有坚定地要把"欧拉"最终发展成一个"生态"。因为大家一谈到构建生态体系，第一感觉就是"现在已经够复杂了，你们还来添乱"。华为在别人眼里还是个"只会先把最核心的东西做好以供自己使用"的巨无霸企业。

哪怕时光倒退 3 年，华为因做生态而招来的国内外的质疑也不会间断。国内的企业或者政府首先就会怀疑华为的动机；就算不怀疑，真心实意地相信华为了，也不会认为华为能成功。国外的企业会觉得华为"瞎捣乱"。汪涛还记得，2019年他在法国的时候，法国电信的CEO听说华为在搞"鸿蒙"和"欧拉"，就跟他们一起吃了个饭。席间，法国电信CEO翻来覆去地说："你们是在给产业界添乱，你看我们现在已经有那么多选择了，也不怕选择恐惧症？"法国电信CEO的视角局限在法国市场，他意识不到自己的问题：法国也就6000多万人口，市场空间太狭小，即便有公司想做自己的生态体系也做不成，只能附着在美国的生态体系下。网上关于整个欧洲已经变成美国的"数字殖民地"的说法也不完全是空穴来风。

可以说，"欧拉"成功的几个条件缺一不可：一是外界倒逼，二是要植根于中国做生态体系。

本质上华为做任何产品都不想做成"只有中国版本"，而是想与全球做生意，做"全球版本"。哪怕是做生态，华为也想要构建一个"全球生态"，而不是关起门来做一个只有中国的生态。

"欧拉"做全球生态的可能性大不大呢？

纵观全球，除了美国，欧洲是一个碎片化、语言不同、相互割裂的市场，并不具备做生态的条件；其他国家，无论是俄罗斯、德国，还是泰国，或者非洲某个国家，都没有足够大的市场，没有那么多研发人员，甚至缺乏完整的工业基础体系，所以它们都很难做成。而中国有庞大的市场，有数量众多的软件开发工程师，有各种非常复杂的场景。所以综合来看，在全世界范围内只有中国具备这个条件。

随着华为携手社区全体伙伴共同将欧拉开源操作系统正式捐赠给开放原子开源基金会，"欧拉"面临的挑战也的确变得非常具体：要思考作为一个国际化社区，社区的治理水平、运营水平以及基础设施，如何达到顶级基金会的水平。社区的开源文化，尤其是国内的开源文化圈，有没有主动贡献的意识？大家能不能形成以贡献为荣的氛围？能不能跟国际上的开源文化接轨，吸引全球的开发者到欧拉开源社区里面做贡献？邱成锋觉得这些都是 openEuler 在国际化进程中面临的非常大的挑战。

但不论挑战是什么，openEuler 要做一个具有全球影响力的社区的方向更坚定了。这也使得华为公司上下颇受激励——原来并不是只有美国可以构建生态，原来我们自己也可以构建生态，原来这一切并没有那么神秘。"欧拉"逐渐形成的"成功者"形象轮廓也越发清晰。对"欧拉"来说，它的国际化不仅仅是一个产品的国际化，更是社区的国际化。

现在的"欧拉"可谓是天时、地利加人和共同促成的事。汪涛说："没有人愿意与失败者为伍，所有人都想在成功者身边蹭一点光辉。所以当所有的人都认为它一定能成功的时候，它就成了一股势不可当的历史洪流。"这在一定程度点燃了中国产业界的激情，为构建全新的生态凝聚起巨大的力量。

截至 2022 年 10 月，"欧拉"在服务器上的装机量已经超过 245 万套。245 万套是什么概念呢？汪涛说："中国每年新建的服务器大概是 300 万台，245 万套相当于我们这两年新装机的数量已经接近中国一年新增服务器的台数了。"

从新装机的量上来看，"欧拉"正在数字政府、金融、运营商行业逐步规模使用，市场的使用率成倍增长，连互联网行业也开始规模替代了。而这种增长的趋势还将持续，因为"欧拉"已经迈过了一个重要的生态拐点：15%的使用量。2023年，"欧拉"的宏伟目标是新增市场份额超过35%，力争成为国内新增市场份额第一。在这新增的25%的份额里，麒麟软件、麒麟信安、统信软件这三家预计约占一半的市场份额。在国产操作系统各自为政的格局持续了10年的时间里，每个企业在达到2%的市场份额时就几乎碰到了"天花板"；而在"欧拉"的助力下，这三家软件企业拿到的数据何其难得，与过去的市场相比，现在的成绩是不可想象的。

未来要真正达成35%的市场份额目标，"欧拉"最大的挑战还是在教育、医疗、工业制造等几个行业。这几个行业在整个国产化、自主创新这一块的驱动力不强，而新增市场份额一定是全行业全场景规模使用，且部署在核心场景的。只有这样，才能三分天下有其一。邱成锋说："'欧拉'路线是真的了不起，有可能率先解决'卡脖子'的问题，就连没有强政策干预的互联网行业都已经开始用'欧拉'了，这说明'欧拉'路线完全起来了。"

到了这个阶段之后，走数字化转型、国产化也走得比较快的行业客户差不多都已经适配完了，最初的怀疑和质疑阶段也经历了，接下来"欧拉"要考虑的是怎么去做海外市场，以及怎么去做差异化。

邱成锋对"欧拉"的差异化总结得比较全面：2023年，"欧拉"会持续在服务器场景、云场景、边缘和嵌入式场景下面构建差异化的竞争力，比如在服务器下面主打"高性能、高安全、高可靠"这三高的能力，比如结合国密的 2234 的算法，又比如提升云资源使用率，基于分布式软总线的能力更好地做一些协同。同时"欧拉"也会重点丰富和增强嵌入式的场景，在嵌入式的混合部署的实施性上再做进一步的优化。

2023 年，"欧拉"的整体方向已经比较清晰：就是围绕服务器、云计算、边缘计算和嵌入式这 4 个场景去构建统一的操作系统。

但是站在更长远的未来看当下，张国盛认为截至 2023 年 4 月这个时间点的"欧拉"，总算有了一点"小荷才露尖尖角"的状态："未来我们计划在操作系统领域支持整个欧拉生态系统，使其成为国内市场上最主流的技术路线，吸引更多的产业伙伴，并持续推动开源社区的稳定发展。另外在业务方向上，我们原来重点聚焦的是服务器数据中心的版本，现在接着往边缘、嵌入式方向发展。"

第十六章

『欧拉』的崛起

"软件吞噬了整个世界，开源正在吞噬整个软件世界。"发轫于20世纪60年代的黑客文化和20世纪80年代自由软件运动的开源运动，经历了半个世纪的探索历程，一路都在突破固有的观念和模式，创造新的制度和文化。其中，最富有时代意义的，就是实现了开源和商业化这一对矛盾的对立统一，迎来了软件业的全面变革。Linux孵化了红帽公司等一系列开源解决方案供应商。谷歌借助开源模式，实现了安卓对苹果iOS的完美逆袭，占据了全球70%以上的手机操作系统。"欧拉"的使命，显然是要书写一篇足以媲美历史的传奇。

2022 年，为国产化提供伟大同行的机会

邱成锋说 2022 年最适合"欧拉"的两个字就是"崛起"。这个观点一提出，几乎所有的欧拉人都赞成，因为"欧拉"在这一年达成了它最为重要的指标之一：市场份额占据了 25%。而对于江大勇来说，崛起首先来自自己的直接感受：欧拉开源社区很多方面的发展，再也不像过去那样依靠他们去努力推动，而是恍然之间，社区自己能够驱动自己了。社区的力量起来了！社区的活力和动力就这样开始蒸蒸日上。

在过去的整整 10 年里，华为一直梦想着推动国内操作系统走出真正的第一步，但没有人知道这个过程要经历多长的时间。大家只是在规划"欧拉"的前进路线时，把"欧拉"的培育分成了三个目标阶段：企业主导、产业共建和社区自治，并按照目标去克服每个阶段面临的困难。因为每个阶段面临的挑战和问题都不同，得用不同的方式去对待它才能让"欧拉"有效加速。那每一个环节到底会持续一年、两年，还是会持续三年、五年，大家的心里并不那么清晰，也没有所谓的惯例去借鉴。

但"可以达成目标"的信念一直都在，大家并不怀疑当"欧拉"在中国势如破竹般地发展时，市场会看到，占有率和生态的飞轮会加速转动，生态的聚集效应会形成，更多的合作伙伴、开发者、使用者会加入，这种因自身需求的加入会形成一个社区最实实在在的硕果！大家也相信，"欧拉"不可能脱离基本的市场规律：生态——尤其是开源社区发展到一定阶段，会呈指数级、倍数级增长，也许开始的时候增长得很慢，但到了一定的拐点之后，它肯定会快速发展起来。

"欧拉"的发展也完全遵循了这个规律：当初华为宣布"欧拉"开源时，面对的更多是质疑和观望，国内从"门可罗雀，无人问津"，到奋力吆喝，努力推动。到了 2022 年，拐点出现了。不知不觉中，主动找到欧拉开源社区的国外客户伙伴也呈指数级增长。在此期间，"欧拉"甚至没有做什么宣传，所以突然间变得"炙手可热"让华为领导层感到诧异。生态，是华为一直高喊的理念，通过"欧拉"，华为让自己的理念成为现实。而这种感受不仅仅属于华为，也是欧拉开源社区各利益相关方的共同感受。2022 年 12 月 29 日，操作系统产业峰会 openEuler Summit 2022 是一次共同的见证。麒麟软件、统信软件、麒麟信安、超聚变、英特尔、中国科学院软件所、软通动力、润和软件等伙伴，共同感受到了"欧拉"崛起的喜悦。

畅销书作家杰弗里·摩尔（Geoffrey A.Moore）曾在《跨越鸿沟》一书中提及生态的拐点："如果无法跨越生命周期的裂谷，业务与产品将会失去市场机会，走向失败。一旦跨越裂谷，企业（产品）就会打开上升通道，占领市场主体地位。"

业界通常以19%这个数值作为生态裂谷的生死指标。观照"欧拉"在2022年快速超越25%这个市场份额节点时，它的确在生态、技术等各个方面都表现出相对的成熟度。而当下社区贡献的发展态势是，个人开发者从13 000多人增长到14 000人，企业数量也从800家增长到1000家。从华为的社区增长曲线图上可以明确地看出，确实越到后期，"欧拉"的增长速度越快。

随着"欧拉"拐点的出现，"欧拉"面临的市场压力开始减轻：以前是华为主导什么、规划什么，社区就做什么；现在社区每天都会产生一些新的创意，每个月可以稳定新增10个左右的创新项目。以前华为天天去找用户，天天跟他们讲如何一起共建社区，如何一起做一个技术体系；现在客户开始主动找华为了。此消彼长的效应也越来越明显：以前微软的服务器版和红帽的市场份额一直稳定在百分之二十几，现在随着"欧拉"市场份额的增长，它们的实际市场份额开始相应地减少。

江大勇说，当2023年"欧拉"真正达到35%的那一刻，我们就可以断定，"欧拉"在中国绝对第一的时刻到了！

2023年，欧拉团队参加了在新加坡举办的一个主要面向亚太的开源开发者会议FOSSASIA，发现"欧拉"在海外的传播情况比华为自己预想的还要好。红帽公司的一个架构师专门从美国飞到新加坡参会，说自己从"欧拉"宣布开源开始，便持续关注了"欧拉"两年多，他甚至希望和欧拉团队一起做一些创新。越南、泰国的企业也在积极地为自己准备"技术第二路线"，而"欧拉"的多样性算力、全场景支持，尤其是"欧拉"在嵌入式领域的进展等新的定位非常吸引他们。这些定位以及开发者对社区的反应，完全消除了各界曾经对"'欧拉'是替代谁的东西"等质疑。

"欧拉"在中国的崛起，很关键的标志是互联网巨头们的态度。2023年，百度、美团、京东、新浪这些巨头也开始切到"欧拉"路线上来，这对"欧拉"来说无疑是一个重要的突破。邱成锋表示，美团在2023年不仅装了几千套"欧拉"，存量也开始准备启动替换，因为美团在原创性、自主性等方面做过性能对比，内部也做过实际测试，他们认可"欧拉"做的是真正的根社区。除了美团外，其他的互联网厂商，包括快手，也都在2023年开始规模使用"欧拉"，腾讯和阿里巴巴也在对接中。

即便是像英特尔这样的巨头，其实也需要在中国选择一个优质的开源社区来支持，其他的软件也一样。中国则更加需要属于自己的操作系统。openEuler为所有的合作伙伴提供了一个与国产化伟大同行的机会。

开发者峰会成为行业级荣誉

客户的激增，犹如蜕变后的光芒，在"欧拉"2023 年的开发者盛会中产生了巨大的广告效应。

2023 年 4 月 21 日的第四届 openEuler 开发者峰会成为近四年来"欧拉"的专业峰会中最热闹的一届。在疫情全面恢复的半年后，上海五一长假期间已经很难订到酒店了，难得浦东有一家五星级酒店努力把所有能用的场地都给了"欧拉"，才得以"勉强"容纳下七八百人，让"开发者之夜"活动顺利举行。

江大勇在致辞中把"欧拉"描绘成水滴："'欧拉'logo 中的'E'其实是由水滴汇成的，水至柔却至刚、至强，所谓水滴石穿。过去的三年，开发者贡献的每一行代码就像水滴，汇成长江、黄河，汇入欧拉开源社区，形成海纳百川之势，才有欧拉开源社区三年的跨越式发展。"

盛会的头条热点新闻，就是欧拉开源社区正式宣布成立工业领域操作系统筹备委员会，来自产业链上下游的核心厂商，包括芯片、OSV、学术机构成为首批加入的成员单位。从核心厂商的阵容可以看出，华为希望把"欧拉"从服务器云端扩展到嵌入式。在"欧拉"的统一蓝图里，开发者在社区"共同做关键点，分头做产品化"，成为分工模式，这样能使"欧拉"之前定位的"数字基础设施的全场景操作系统"中的"全场景"用共建的方式完成。

在这个以技术管理人和技术创新为主题的大会上，"欧拉"鼓励用户、伙伴尽量发声，支持每个伙伴去做分论坛。不知是疫情让大家"憋"得太久了，还是在制裁下大家对于技术的嗅觉都变得敏锐了，分论坛场场火爆。全球四大基金会，如 Apache、Linux Foundation、OpenInfra，还有 openHPC 等社区代表以视频的形式参会，但也丝毫不影响大家交流的热情。不同于以往用屏幕讲技术，这次社区有了丰富的场景展示：机器人、机器狗、机械臂。这些实物是"欧拉"全场景生态体系技术成果展示的一部分。EulerMaker 是华为全新发布的操作系统构建工具。对比已经使用了几十年的操作系统构建工具 OBS，EulerMaker 可以用这一套构建工具去构建面向不同场景的版本，实现了团队一直以来反复畅想的"覆盖全场景"一事。之前红帽、SUSE、VxWorks 部署场景时，不是在服务器这端做，就是在嵌入式做，唯有"欧拉"打通了全场景。这些基本能力一刻不停地在社区里迭代增加而产生的巨大变化，让到场的人有了超现实的未来感。

历史暗夜中的"备胎"，已然蜕变为时代激流中的主角。欧拉开源社区的每一次讨论、每一行代码、每一个软件包、每一个创意，都在充实"欧拉"的基本框架和能力，技术创新已经成为"欧拉"下一个要挑战的议题。江大勇对团队描述了"欧拉"下一个阶段的新使命："当你从无到有的时候，大家对你的期望值是'有的用就不错了'；当你解决了'温饱'之后，大家看的就是'你到底强在哪，价值在哪，创新在哪'，所以我们给用户带来的更大价值，是用更多的创新吸引开发者到社区里贡献和使用，让更多的用户愿意去开放它的场景使用，这些才是'欧拉'未来真正会面临的挑战，也是价值所在。"

以前"欧拉"跟"鸿蒙"的协作技术、协同场景都只是在应用层实现，如今正实实在在地从操作系统层实现联通。大会上，华为和润和软件联手展示了跨设备的高效互联互通情景，协同端边云场景，在现场用无人机、无人狗演示了一个天地救援场景，讨论了在完成基础技术能力之后，应用厂商如何在此能力的基础上去打造属于自己的商业场景。"欧拉""鸿蒙"协同后的一系列生态变化，能为"欧拉"的应用厂商带来的改变，足以让"欧拉"的未来有巨大的想象空间。而"欧拉"和"鸿蒙"交织的生态之树，已然呈现出无限的生机：商业装机量呈倍数级甚至指数级增长，获得跨越式发展，从一年几万套，到2022年的200多万套的倍数级，从实现中国服务器领域新增市场份额25%，部分行业达到30%、40%甚至50%的市场份额，到下载量达135个国家、1700多个城市的倍数级。

开发者之夜过后，中外技术圈里流传着许多小视频，来自全球的开发者聚在一起热烈地聊技术，"欧拉"与全球进行的连接表现出完全不同于以往的热度。

其实 2022 年底的峰会直播量已经高达 830 多万次，浏览量达到了 1.5 亿次。在连续举办了四届之后，2023 年的开发者峰会明显发生了改头换面的变化：从一开始担心参会人数不够，到此次很多客户和开发者主动要门票；从以前每一期的技术分享论坛都必须自己找客户，有时候甚至要帮客户写内容，到现在都是客户找上门报名。作为产业峰会的组织方，欧拉开源社区品牌委员会协同社区全体伙伴每年举办两次峰会，上半年的开发者峰会，下半年的产业峰会，为社区带来了精彩的技术创新展示优秀案例分享，带领"欧拉"的营销以及品牌一年一个台阶地升级。

邱成锋说："以前我觉得有个人来给你讲讲案例就不错了，现在完全不一样了。产业已经形成了一种'在欧拉开源社区开发者云集的峰会里分享技术创新'是行业级的一种荣誉的氛围。很多人认为在这个会上，自己是在代表一个行业去分享，这对他本人的行业影响力是一个很大的提升。"

基金会批准 openEuler 成立项目群

　　开放原子开源基金会理事长孙文龙表示，开放原子开源基金会里面，进展最快、影响力最大的项目就是"欧拉"，所以基金会在 2022 年底已经批准 openEuler 成立项目群。

　　项目群可以理解成国际上的子基金会，可以独立接受项目捐赠和资金捐献，有更多的自主权。自批准成立项目群以来，陆续有原创项目申请捐赠到 openEuler 项目群，像 2023 年就有来自电信天翼云的 Gostone、CTinspector，湖南大学的 ZVM，北京航空航天大学的 Rust-Shyper，华恒盛世的 QuickPool 这 5 个项目捐赠到欧拉开源社区。这也是欧拉开源社区发展到一个新阶段的标志。

　　开源的成功之路，最终就是社区治理之路。开放原子开源基金会 TOC 主席、华为计算开源总经理姚谨认为，开放治理是开源社区的终极之路。以全球最大的开源软件基金会 Apache 为例，它下面有 200 多款开源软件，但核心雇员很少，真正全职的雇员可能是个位数，但它有 700～800 名会员（member），都是从一大批开源项目当中成长起来的开源界的"老炮儿"，这些人组成了基金会的基石。他们通过选举、授权、决策等方式，形成 Apache 整体的基金会管理和开放治理架构。

欧拉开源社区也在这条道路上不断摸索、不断创新，希望走上一条全新的制度创新之路。在这个社区里，到目前为止没有任何人有薪水，都是各个企业委派的人在做，比如社区提供的秘书服务就不是专职岗位，都属于企业的"自带干粮"。此外，自 2023 年开始，"欧拉"按照项目群的章程开放资金捐赠。社区委员会主席江大勇说，大家愿意给一个开源项目捐赠，说明他们认识到了 openEuler 给大家带来的产业价值和商业价值。

大家能如此"自觉自愿"地奉献，是因为社区的组织运作方式跟企业管理不一样。在企业中，你必须不折不扣甚至超额完成老板交给你的任务，才能有更多的升职加薪的机会，它是直接管理的雇佣关系。社区却不能简单地通过权力形式去要求别人，大家在社区里都是平等的，华为要通过愿景驱动，跟伙伴们讲清楚整个技术和商业生态的逻辑，让大家体会到自己的付出和收获的价值到底是什么，以此形成一个自循环、自加速的体系，所以社区模式的设计成为运营关键。也就是说，华为做的所有新推动都只能是一个"加速"，如果无法形成这个体系模型，社区运营就会是一件很痛苦的事，因为所有的"断点"都需要自己去补。而一旦体系形成，不论是个体还是企业，只要他真正认识到这个地方能给他带来价值，他做出来的结果就很可能会远远超出你的预期。这就是社区作为一个创新平台的关键所在。

2023 年，大规模替代的一年

张文锋表示，2018 年以前，"欧拉"在服务器上的装机量套数，包含物理服务器上直接装的以及虚拟化出来的，大概在 50 万套。但是从 2019 年到 2021 年底，欧拉操作系统把整个硬件及各方面的能力做了充分的发挥，装机率差不多翻了 5 倍，近两年的装机率更是创下新高。

伴随"欧拉"成熟的，还有行业的快速转型。国内走数字化、国产化转型比较快的行业是电信和金融。

电信领域中，三大运营商无疑最积极主动。"欧拉"在电信领域的上量已经接近 10 万套。运营商的大步向前，加快了 openEuler 完成 CentOS 全系替代的进程。

电信原本有自己的内核能力，他们曾打算用自己的内核，外加欧拉开源社区的软件包，拼接组装成一个操作系统去支持整个电信集团。邱成锋团队跟电信反复沟通，说社区无论是从内核还是外围包上，都已经是一个经过系统集成测试和验证的状态，如果不用"欧拉"内核，只用上面的软件，未来电信在做系统演进时一定会面临可靠性和集成性的巨大挑战。可电信不相信一个初出茅庐的欧拉开源社区能有什么大能耐。另外，中国用户依然在使用以英特尔 X86 为主的处理器，电信还担心"欧拉"支持 X86 的能力会不够，至少人家红帽和 CentOS 都支持得很好，万一"欧拉"支持不好，客户怎么办？邱成锋知道，只有"质量"这一件事可以应对质疑。于是，他们不仅自己测试"欧拉"给客户看，还让客户将"欧拉"拿到自家的实验室里去测。测试之后，电信看到"欧拉"的性能在支持 X86 方面有很多地方比 CentOS 还要好，"欧拉"给了电信一个"不是能用，而是好用"的大惊喜。

2021 年，电信在测试后开始选择一些小规模场景使用"欧拉"，试用了一年多没发现太大问题，2022 年就开始在语音场景、电信公有云、电信 IT 云等规模化场景使用。到了 2023 年，电信火速宣称要完成 50% 的替代——经过多年的发展，电信存量的操作系统数量已经非常可观，要完成 50% 的替代，说明电信对"欧拉"路线、替代工具以及相关的能力已经全案式地肯定。"欧拉"终于迎来了电信客户的爆炸式增长，从 100 台试点到 1000 台试点，到几千台试点，规模噌噌地向上突破，华为开始抽调人马，安排专人给电信做技术保障。电信计划 2023 年完成 50% 的存量替换，到 2024 年全部完成替换。从前期技术路线选择的不信任，到现在的大规模替换使用，展现了"欧拉"典型客户的合作路线。

通过电信这样的大客户，"欧拉"实现了替代能力的创新和实践，这标志着"欧拉"的服务基本趋向成熟。

338

到了 2022 年，"欧拉"在准确性方面也迈上新台阶。如今，比较主流、成熟的工具，如 CentOS 7 和 CentOS 8，在上下游都兼容的情况下，通过华为提供的工具来做原地升级，可以在一个小时之内完成操作系统的替换。用户置换"欧拉"技术路线的操作系统，不一定只换 openEuler，也可以切换到麒麟软件、统信软件、麒麟信安、超聚变的操作系统，因为它们走的都是 openEuler 路线。

同样，在金融体系中，工、农、中、建、交等银行一开始也不相信"欧拉"，尤其是看到云平台、数据库以及成百上千的 SUV 等上面的应用都没给"欧拉"适配过，信心一下子就没有了。但"欧拉"毕竟是国产化的操作系统，也是国内率先开展的操作系统，为支持它成为生态的主干，这些客户咬咬牙，决定冒险——"我们要支持你们"。一方忐忑不安，另一方胸有成竹，双方展开配合。邱成锋让他们看看云平台、数据库有哪些软件，用的什么版本，帮助他们一个个打开，梳理完之后就开始测试和调试。这些金融客户和曾经的电信客户一样，在调完之后发现：原来"欧拉"的表现真的比 CentOS 的还要好。金融客户也终于开始全系使用麒麟软件的欧拉版本，到现在也是几万套的使用。

两大行业做完，邱成锋才真的从中体会到"苦尽甘来"的滋味儿。

"苦"的是别人不认可"欧拉"，不想用"欧拉"。在不被信任的压力下，华为需要通过自身的技术能力帮助客户拿下项目，建立战略自信，通过测试让客户的产品最优。而"甘"的是行业政策支持，以及客户愿意给"欧拉"机会。在这个过程中，"欧拉"很争气，没有掉链子，确实让客户感觉到"欧拉"是能用的，甚至是领先的。说一千道一万，就是最终让伙伴受益了！

虽然"欧拉"这条主干有了被客户信任的基础，但是到了2023年，很多客户开始担心分支上的生态伙伴服务支持能力不行，于是邱成锋团队就把伙伴的服务能力提升作为2023年的一个重点，比如优化问题处理流程，快速响应客户问题处理的诉求，对关键问题的支持，为构建伙伴的能力去做一些新的赋能；比如"欧拉"要根据产业生态发展的不同阶段做一些针对性的调整，因为一旦出现重大问题，面临的不是"厂商负责"还是"'欧拉'负责"这种单方面一刀切的简单问题，因为"欧拉"没有做商业发行，没有商业化，更多的是在社区里做技术的创新和社区运营等方面的相关能力建设。

邱成锋说，2022年的"欧拉"虽然已经规模化应用，但仍需要至少两年的时间来进行检验。"第一，新的产品线上去跑没问题；第二，出了问题之后能快速响应，不会给客户带来很大的损失；第三，产品到了一定阶段后有升级演进。只有经受住这三个阶段的考验，才算是真正获得客户的认可。"如果经过一段时间，产品的稳定运行，故障后的快速响应，当前新产品升级之后的过程观察都没有问题，才算是真正地经受住了社区的检验。在这个过程中，生态伙伴之间的水平参差不齐，尤其是从产业全栈的生态链上来看，有些伙伴的能力确有不足，但openEuler的目标是做全栈智能，就一定要把全栈能力构建起来，比如合作伙伴的产品从开发设计、测试，到发布，再到上市，包括后续的营销，openEuler会做端到端的服务流程，竭力提供帮助。这种前期做核心能力的构建，华为称为"扶上马送一程"，并且每年都会持续地去迭代。

到了全栈服务的阶段，那些在行业里耕耘多年的传统国际厂商就成了"欧拉"学习的目标。观照美国的根路线，如红帽、Windows，它们是聚焦而非分散；观照欧洲的 SUSE，还有 Ubuntu 路线，也是比较聚焦的根路线。"欧拉"要学习它们的服务流程、服务标准以及服务能力，跟客户协同。邱成锋表示，"欧拉"做数字基础设施，做服务器、云和边缘计算，日后成长为根路线几乎是必然，只有这样不断地学习，才能以举国体制，集中行业的力量办大事。

三分天下有其一

业界普遍需要一个开源的、可靠的操作系统发行版。这不仅是中国市场的需求，也是海外市场的需求。

全球、全场景的覆盖，让"欧拉"的市场目标也变得更清晰和可执行。崛起的"欧拉"，将中国的市场目标定在"三分天下有其二"，争取达到 60% 以上的市场份额；而在全球层面，考虑到海外的推广比国内更具挑战性，没有那么多的政策支持，产品出海的节奏也没那么快，所以他们将目标定在"三分天下有其一"，约占 30% 的市场份额。

江大勇预计达到这个目标需要 3 到 5 年的时间。

作为一个技术派，只有跟最顶级、最头部的伙伴合作才是最有意义的。那么从当下的信息化程度来看，全球最领先的市场在欧美，所以除美国外，欧洲就成为"欧拉"最希望争取到的市场。亚太地区也是重点，"一带一路"上的国家不论是从技术上考量，还是从地缘经济层面的安全性考量，为自己找一个"技术备选"已经成为常态和趋势，所以这必然成为"欧拉"重点推广的区域。中东的政治敏感度略温和，IT的信息化发展还比较先进，它们对更先进的技术、产品的需求，促成了"欧拉"进军中东的机会。一圈扫下来，世界版图中还剩下非洲和拉美一带，估计实际做起来会比较困难。这些地方适合"正常推广"，"欧拉"对此不做重点，不多做联想，不多做无用功。

2021年底，联想已经正式加入"欧拉"，目前国内或许就是浪潮缺席。实际上，浪潮服务器已经在与"欧拉"适配了。自2017年以来，浪潮信息已连续5年保持中国AI服务器市场超过50%的市场份额。浪潮云与"欧拉"对接过几次会议，欧拉团队隐隐感觉到，当"欧拉"代表以开放原子开源基金会这种中立、开放的身份去做社区时，有利于降低浪潮对"欧拉"的疑虑。

国际化部署

吴峰光透露，"欧拉"要在 2023 年启动海外商业化进程，进军全球技术生态。

开启海外市场，要做好服务海外的各方面基础准备工作。首先，就是语言不能成为障碍。其次，各国用户登录不设关卡，能够畅通无阻。针对这两大节点，欧拉团队立刻采取了行动：一个是 2022 年华为新成立 G11N 的 SIG 组，它可以把中文实时翻译成英文或者多语言，方便全球传播，让更多的开发者去用；另一个是登录体系的简化优化。华为提出"分布式社区"概念：过去大家只能用 Gitee 账号登录，现在可以通过统一账号的这套体系，让大家用不同的登录方式进入社区。以前必须有账号才能提交，提交代码仓也很复杂，现在把登录手续从 7 步简化到 2 步，开发者的社区体验有了很大的提升。

2023 年欧拉团队在新加坡 FOSSASIA 会议上对社区工作进行了简单的推广讲解，得知很多来自印度、新加坡、印度尼西亚等国家的客户都了解过"欧拉"。会议期间，一天就有 200 多人注册"欧拉"。他们在注册时遇到了一些小困难，欧拉团队稍加引导，就把那"一层窗户纸给捅破了"。欧拉团队说，这些客户很容易就加入了"欧拉"的世界。

这大大超出了邱成锋他们的预期。在国内默默地搞了这么多年，没想到海外的很多客户，包括开发者，竟然都在场外关注 openEuler 。邱成锋意识到，数字技术、操作系统的领先性，全场景的覆盖，每个场景之上的优势和场景之间的协同，都是真正撕开海外口子的好办法。但是不能急，现在"欧拉"还处于"打一枪让子弹飞一会儿"的阶段，飞完了之后，未来的"欧拉"还得靠技术领先性去完成海外突破。

姚谨说，只有让大家从使用者、用户的角度也能够明确地看到欧拉操作系统相比较于其他操作系统的特别之处，"欧拉"才能更快地演进。无论是基金会、华为还是国内的产业伙伴，大家都认为"欧拉"必须作为一个国际化社区来配合后续运营。"欧拉操作系统有很多自己的技术特色，比如对多样性算力的支持；比如它没有绑定某一个处理器的技术路线，底层硬件适配能力比较好；比如内核引擎的安全性，还有一些有特色的功能与性能的升级。这些或许能够吸引一些对个性或要求比较高的厂商、开发者共同参与。"只要推广合理、方法得当，欧拉操作系统不愁国内市场，也不会愁海外市场。

2023 年，欧拉制定了明确的内、外部目标。内部目标，是希望能在 1～2 个区域完成突破，并梳理出一些样板；海外目标，则是希望让世界有"第二选择"。如此宏大的目标，在具体做法上无法清晰地分解，但总目标可以清晰地描述："让世界人民在用 Linux 操作系统的时候，除了想到红帽、SUSE，还能想到 openEuler 。"现阶段"欧拉"在海外的发展势必受到地缘政治的影响，其发展已不再被视为是单纯的技术问题，但借着"世界第二选择"的目标和路径，不折不扣地向前进，已经成为国内很多厂商的出海梦想。

邱成锋说目前国内几个大的 OSV 其实都有出海的想法，只是国内厂商受制于当前的发展阶段，可能近两年不出海。但是他百分之百确定，这些厂商在未来一定会出海。所以 2023 年"欧拉"会在亚太地区，如新加坡、泰国，以及中东和欧洲地区做一些创新的场景。在欧洲市场，"欧拉"会更侧重技术合作发展。欧洲 SUSE 的发展根深蒂固，"欧拉"的多样性算力方向更能成为满足全球客户的一个优势，和切入客户的一个有力抓手。"欧拉"可以考虑建立研究院，或者和学校做一些合作，这样布局才能走出自己的生态之路。

如今，"欧拉"与国际厂商合作开展得很顺利，特别是英特尔最新一代的芯片发布之后，它的一些使能软件功能都会首先集成到欧拉开源社区中。邱成锋相信，随着"欧拉"市场份额的不断扩大，"欧拉"会吸引越来越多的国际化的厂商加入合作，进一步推动"欧拉"的开放性、国际化进程。当然，欧美国家并不是"欧拉"推广的重点，因为在人手有限的情况下，很难做到投入产出比持平，与其广撒网布点，不如"精耕细作"产品。吴峰光相信，行稳才能致远。

作为挂在开放原子开源基金会的一个"后发国家"的开源设计项目，

openEuler 具有出色的学习能力和找到自身差异化的优点。

当然，无论是开源还是社区，都不是"欧拉"的最终目的。其终极目标，是要能够引领市场，成为行业的事实标准，进而变革行业、变革社会，在地缘政治扰乱全球的背景下，更好地造福人类。立足这一初心，在正确的道路上做正确的事儿，"欧拉"的成功，只是时间问题。

"欧拉"的这份信心来自开源治理制度的优越性。姚谨认为，以开源为代表的开放式生态相对于传统闭源模式更具优势，所以我们现在看到，开源只要进入一个领域，基本上就会改造一个领域，让这个领域更加开源友好或者更加开放。在这些趋势的整体推动之下，我们可以认为开源项目、开源软件会越来越开放，形成越来越多的开放治理架构，因为只有真正开放治理，才能达成大部分或者说绝大部分场景下开源项目背后社区对于生态和开放的诉求。

第十七章

『欧拉模式』启示录一：典型的『Loonshot』模式

"欧拉"的故事，首先是一个创新的故事。这是"欧拉"故事的本质。而今天人们理解创新，有太多的陷阱，因为创新早已经被人们过度阐释得几乎毫无新意。可以说，这是我们挖掘"欧拉"故事的最大挑战。

同样都做技术创新，"欧拉"究竟有什么不一样？

关于华为的图书如今已经是汗牛充栋，是各大书店的一道风景线。但是在我心目中，真正值得我信赖的关于华为的研究，是老朋友田涛的书。我出的书数量比他多多了，但是面对他的写作方法，我自叹不如。尤其是对华为的研究，不仅他的信息渠道独一无二，更重要的是他对华为的思考已经上升到理论化、体系化的高度。所以，我要写华为，只能发挥我自己研究互联网历史的熟悉模式，那就是通过大量的第一手访谈资料，书写华为的每一个方面、每一个层面，以自己擅长的方式描绘华为创新故事中的一道道风景。通过局部，呈现华为创新的特质。

2019 年田涛的结论是："过去 30 年，华为通过价格和技术等方面的突破性创新，彻底颠覆了通信产业的传统格局，并成长为现在的世界级企业。任正非是一个卓越的战略家，他对格局的把握能力非常强。而事实上，他本身并不是在研究格局，而是深知'创新'才是奠定其市场地位的根本。创新是寂寞的事业，容不得非黑即白的'二极管思维'，和敲锣打

351

鼓、大干快上的'激进思维'。如果所谓的'互联网思维'要以一场运动的方式呈现才叫作创新的话，任正非宁可选择做'保守'的孤独主义者。"

围绕"欧拉"的写作，在我初步完成几十人访谈之后，最吸引我的反而是"欧拉"的起源和成长初期。在这一时期，"欧拉"的战略其实是清晰的，就是围绕鲲鹏商业生态做开源社区，并且坚持走根社区建设这样一条最难走的路。如果说有不清楚的，就是战术上需要探索，需要解决一个又一个的问题，但其战略目标从来不曾动摇。我最期望的就是，将"欧拉"的早期历史写成一本书，阐释华为对于创新的理解和基本的方式。这个角度当然更有挑战性，也更有价值。

当然，人们对"欧拉"最期待的精彩内容，都是发生在2019年美国制裁华为之后。这是"欧拉"的高光时刻，也是人们对其最感兴趣的部分。放弃这部分，难以构成"欧拉"的整体历史，更难以总结"欧拉模式"。

于是，我们对"欧拉模式"进行了总结。"欧拉"早期的历史构成了"欧拉模式"的基础。没有这部分的总结，就很难理解"欧拉"的今天和明天。而对于中国高科技企业家和商业思想家来说，"欧拉"的早期之路，可能更加稀缺和难得。因为人们总结一个成功模式，往往习惯了将注意力投射在成功之后，聚焦在辉煌时刻。事后诸葛亮式的马后炮，反而是最容易被人们接受和认可的。而早期在漫长黑暗中摸索和徘徊的阶段，一般都被忽视，被简单略过。

技术创新的起点，还没有显山露水，技术、产品和市场都有待成熟，各种问题会层出不穷。但是起点就是起点，最原始，最直接，最坦然，也最自然。每一个高科技企业都在从事技术创新。中国企业进入操作系统行业也不少于 30 年时间了，人们看到了企业结局的不同，却很少去挖掘企业起点的不同。正如托尔斯泰所说："所有幸福的家庭都一样，不幸的家庭各有各的不幸。"技术创新的成功故事看起来结果都一样光鲜无比，但是很少有人深入地挖掘它们起点的不同。也许，最本质的特点从一开始就已经深入其基因。

其实，最重要的往往在光环之外。这一轮访谈下来，"欧拉"的早期历史给了我豁然开朗般的觉悟。我强烈地感受到，"欧拉模式"最宝贵的经验在"欧拉"脱颖而出之前。这也是我在写作之前没有预料到的，在访谈之中我才发现。而且这部分经验，对于当下的中国尤其具有重大的启蒙意义。

阿波罗登月和阿帕网：科技创新的两种起点

    1969 年，在科技领域发生了两件影响全球历史进程的超级大事：一件是阿波罗登月，另一件是互联网的前身——阿帕网（ARPAnet）诞生。这两件事情最终都影响深远，但是它们最大的区别在于它们的开端，一个名满天下，一个籍籍无名；一个万众瞩目，一个无人在意。这种巨大的反差对于我们今天更好地理解"欧拉"的故事，可能非常关键。

    世界瞩目的阿波罗登月计划（Apollo program）始于 1961 年 5 月，于 1972 年 12 月第 6 次登月成功结束。1969 年 7 月 16 日，"阿波罗 11 号"承载着全人类的梦想踏上了月球表面。这是人类迈出的伟大一步，也是世界航天史上具有划时代意义的一项成就。埃及开罗广播电台将阿波罗登月称为"人类最伟大的成就"。不过，现在看来，它并没有对人类社会的生产和生活方式带来重大的变革。

    与阿波罗登月不同，阿帕网项目当年默默无闻，然而现在看来，它却改写了人类的命运与历史进程。1969 年，4 个节点的阿帕网的出现通常被看作是全球互联网得以发展的划时代事件。这个由美国国防部支持经费的项目，堪称人类有史以来最伟大的发明创造，成就了今天已经网罗全球 50 亿人的网络时代。其对人类社会发展的影响显然远远超过了阿波罗登月。

1969 年 7 月 20 日，"阿波罗 11 号"首次完成登月，轰动全球。1969 年，全世界有 36 亿左右的人口，当时全球有 5 亿多观众观看了"阿波罗 11 号"的着陆。1969 年美国电视的家庭普及率已经高达 95%。在美国，有 5300 万户家庭或 1.25 亿观众（占当时美国总人口的 62%）观看了美国宇航局宇航员在月球着陆的直播。而查遍当年所有的新闻媒体，或者大部头的历史书籍，都找不到关于阿帕网的任何新闻信息。书籍《光荣与梦想》，被誉为描绘美国现代政治、经济、文化，以及社会生活的全景式画卷。作者威廉·曼彻斯特充分运用新闻报道的特写手法，以大量的美国报刊资料和采访材料为依据，创造了一种全景式的还原细节的历史写作手法，细致入微地勾画了从 1932 年罗斯福总统上台前后，到 1972 年尼克松总统任期内水门事件的 40 年。但是，这本书里面完全找不到与互联网相关的只言片语。可以说，互联网的诞生完全被当年的媒体、大众和历史学家们忽视了。

两件同样伟大的历史事件，美国政府在其中扮演的角色却截然不同。

阿波罗登月计划是一个典型的自上而下的政府主导的项目，历时约 11 年，耗资 255 亿美元，约占当年美国 GDP 的 0.57%，约占当年美国全部科技研究开发经费的 20%；在工程高峰时期，参加工程的有 2 万家企业、200 多所大学和 80 多个科研机构，总人数超过 30 万人，提供了惊人的就业长期增长。

阿帕网则是一个源自美国政府，由美国国防部出资的项目，却完全实施了自下而上的工作模式。正是这种历史性的错乱——自上而下的资金资源和自下而上的研发机制，成就了今天的互联网。诞生于美国面临极大挑战的"卫星时刻"的阿帕网，代表着军事和学术兴趣的有趣结合。在巨大的挑战面前，在非常时期，有可能突破现有的官僚体制和旧有制度，在制度创新和资源投入方向都能够打破常规，最终实现想象不到的创新突破，为整个人类发展做出重大贡献。互联网的诞生是政府和军事部门主导的自上而下的机制和学界主导的自下而上的机制相互协同、优势互补而产生的化学反应的结果。割裂任何单一的政府机制或者社会机制，都不一定会成就今天的互联网。

实际上，我做全球互联网口述历史访谈时，好几位"互联网之父"都告诉我一个事实：其实在 20 世纪 90 年代早期互联网商业化开始之前，互联网项目从来没有真正进入过美国政府高层的视野之中，也没有被当时的 IBM、AT&T 等重要的 IT 企业所关注和重视。从某种程度上来说，互联网从 1969 年诞生之后，几乎有 20 多年的时间被政府高层、商业界和主流社会所忽视。很少有人认识到互联网非凡的革命性和巨大的潜能。这意味着在这 20 多年的时间里，科学家和工程师，以及诸多研究生，可以按照自己的理念、价值观和工作方式，不断地完善互联网的各种技术与应用，塑造着互联网的文化和价值观。

356

Moonshot 和 Loonshot：科技创新的两种范式

　　阿波罗登月的成功将一个英文单词 Moonshot 推向了主流。牛津词典对 Moonshot 的解释有字面义和引申义两种。其字面义指"An act or instance of launching a spacecraft to the moon"（发射航天器到月球的行为或事例），比如 the Apollo 17 Moonshot（"阿波罗 17 号"登月）。自登月计划以后，Moonshot 一词也获得了被沿用至今的引申义，即指"An extremely ambitious and innovative project"（非常具有雄心和创新性的项目），意思是一个疯狂的想法或者不大可能实现的项目。

　　有人认为，Moonshot 其实也是硅谷创业精神的核心所在。谷歌有一个很著名的 Moonshot Factory（登月工厂），是无人驾驶汽车、谷歌眼镜等很多"黑科技"的诞生地，富有神秘色彩，很少对公众开放。

　　但是，理解科技重大创新和变革，我们需要创造另一个词语：Loonshot。Loon 的意思是潜鸟，一种北美食鱼大鸟，叫声似笑。在科技创新领域，我们可以将 Moonshot 概括为"射月计划"，将 Loonshot 概括为"射鸟计划"。前者类似阿波罗登月项目，自上而下，大张旗鼓，万众瞩目，一出手就有着宏大的计划，有巨大的资金和资源，甚至可以实施举国体制。这一类项目，包括中国的"两弹一星"、高铁和北斗等，都是成功的例子。这类项目的目标相对明确，技术路线相对清晰，注重资源密集，强化执行，依靠集体的协助就可以实施。但是高科技领域真正的重大创新，无论是互联网，还是计算机、集成电路等，一开始都并不起眼，需要长时间的孕育和摸索。就像猎杀潜鸟一样，需要射手悄无声息地静候时机。而任何风吹草动，都可能让此次行动功亏一篑，更不宜一开始就大张旗鼓。

尤其是互联网这样的项目，有着强烈的外部性，技术与用户、企业与市场之间，是一个非常复杂、相互建构的生态系统。尤其是软件系统，类似的表述就是加尔定律。约翰·加尔（John Gall）说："一个切实可行的复杂系统，势必是从一个切实可行的简单系统发展而来的。从头开始设计的复杂系统根本不切实可行，无法修修补补让它切实可行。你必须由一个切实可行的简单系统重新开始。"

两种创新范式的比较

创新范式	比喻	特性	适用性	过程	典型范例
Moonshot	射月计划	自上而下	外部性弱	按照规划执行	登月、北斗
Loonshot	射鸟计划	自下而上	外部性强	需要逐步成长	互联网、生态

加尔在其著作《系统论：系统如何真正起作用以及它们如何失效》

中，总结了系统设计的经验法则：第一，成功的复杂系统是从已经成功的简单系统演进而来的；第二，凭空设计出来的复杂系统不会成功，再怎么"打补丁"也不行，只能推倒重来；第三，简单系统未必成功。"即使您想建立一个复杂的东西，也需要从简单开始。"加尔定律说明了设计高度复杂的系统很可能会失败，它们很难一蹴而就，更可能是从简单的系统逐渐演变而来。最典型的例子便是互联网。如今的互联网是一个高度复杂的系统，而它最早只是被定义为一种在学术机构之间共享内容的方式。互联网成功实现了最初的目标，并且随着时间不断演化，最终成就了如今复杂繁荣的盛况。

克里斯托佛·亚历山大（Christopher Alexander）说"复杂的东西不是制造的，它们是成长的"。其意思与加尔定律是一样的。复杂的系统不是被"设计"出来的，而是需要一个良好的孕育、发育和成长过程，无论是技术本身、产品成熟度、市场需求还是产业生态，甚至是用户的使用习惯，都需要一个联动协同、相互演进的基本过程。所以，今天很多一出现就万众瞩目，期望一步登天的新名称、新技术和新应用，它们最终的结局值得我们高度警惕。

我们见证了苹果 iPhone 在 2007 年发布之后的辉煌成功，但是很少有人关注苹果在 1993 年推出的名为 Newton 的掌上电脑。当初 Newton 发布时，苹果对 Newton 抱有很大的期望，但不幸的是，由于市场需求较低以及产品定位模糊，Newton 并没有完成苹果预期的目标，同时也被认为是苹果历史上最失败的产品之一，并于 1997 年停止了生产。但实际上，今天

iPhone 的成功，很大程度上延续着当年 Newton 的技术追求和创新基因。

麦肯锡公司的霍克（Detlev J. Hoch）在研究了全球 100 家软件企业之后，于 2000 年完成了《软件业的成功奥秘》一书。他总结了少数的几个行业赢家："极度的不确定性混合着巨大的技术复杂性；人才极其匮乏；低进入成本持续吸引着竞争者；产品的生命周期属于所有行业中最短的；以及递增回报法则只允许顶尖的产品公司获胜。"而"欧拉"虽然已经走出华为，走向全球，但是依然蕴含着华为独特的技术创新基因。这一过程遵循了自下而上、长期积累的必然性，而又有着诸多不期然的偶然性。

"欧拉模式"的首要特性来源于其起点和成长历程

毫无疑问，"欧拉模式"的基础，首先建立在企业的技术创新的价值观之上。

是否真正让技术创新成为企业的一种信仰，这是首要的"灵魂拷问"。真正一流的高科技公司，会将技术创新真正深入到企业战略和企业文化的基因深处。

让技术创新成为一种信仰，这个说法有点虚，但却可以通过实实在在的各种指标体现出来。过去 30 年，华为有两项指标长期高于利润：一是研发投入，长期高于利润 2 倍以上；二是人力资源投入，华为员工年收入平均之和，包括工资、奖金和福利，是股东分红的 3 倍。同时，常务董事会规定，每年研发经费的 30% 要投入到基础研究中。以华为的这些标准来衡量国内外的高科技企业，就可以分出其中的差异。

华为的技术创新，还体现在技术研发的硬实力之上。今天，20 万华为人中，有一半的人从事研发，是迄今为止全球规模最大的研发团队。华为在全球数十个国家构建能力中心，包括以色列、英国、法国、意大利、瑞典、荷兰、爱尔兰、俄罗斯、日本、加拿大和美国等国家。当然，中国本土的深圳、北京、南京、西安和杭州等城市也是其能力重镇。全球15个大的研究所少则1000多人，多则1万多人。这遍布全球的10万人研发团队，始终紧盯着主航道，确保华为不在非战略竞争点消耗战略竞争力量。

我们今天阅读"欧拉"的故事，总结"欧拉模式"，还需要对其故事本身进一步追根溯源。欧拉操作系统计划在华为内部起码有十多年的历史了。这是一个典型的Loonshot项目。进军操作系统，在华为内部一直是一个敏感且保密性很强的项目。低调、循序渐进，成为项目基本的生存方式。此外，欧拉操作系统项目从一开始就是华为一项重大的战略布局，富有野心，志存高远。因此，其低调作风并没有降低其项目的"格调"。对比国内高科技企业，我们可以发现欧拉操作系统的诸多独到之处。而这些特点，正是最值得我们学习和借鉴的地方。

有了技术信仰这个基因和基础，我们在"欧拉"的成长过程中就不难发现它的其他特点。

第一，战略布局，立足产业基础性和根本性的产业变革，不追求风口，不盲目追风。"欧拉"的应运而生，立足于数字技术下通信领域和计算领域全面融合的大趋势。计算能力越来越成为通信行业的基础能力。徐直军曾经坦言，华为要想投资的话，机会大把，而且可能比做设备和服务来钱更快，但华为坚决不会做。"背后原因，一方面是聚焦城墙口子；另一方面是不改变价值观，不赚投资的快钱，坚持做实业、赚小钱，坚持做本分的生意人。"田涛总结道。

第二，富有前瞻性，立足于华为长远发展的需要。欧拉操作系统在华为内部的正式研发决策起步于 2010 年，到现在已经有近 10 年的持续发展与积累，才可能在美国的制裁下由"备胎"迅速"转正"，进而迅速在市场上站稳脚跟，一举获得 20% 的市场份额。没有前瞻性的布局，欧拉操作系统就不可能有今天这样的实力和底气，不可能进一步谋求成为中国数字基础设施的底座，未来更不可能谋求成为全球数字基础设施的底座。要是欧拉操作系统布局晚上几年，那么今天的局面可能就很不一样。当然，如果华为能够更早、更花心思地做出布局，今天的局势肯定可以更好。但是，这要么是"事后诸葛亮"，要么需要特殊的先知先觉。华为的这种前瞻性，与华为对技术演进和全球市场的趋势有着高度的敏锐度密不可分。

第三，始终立足于市场与业务的需求。华为的使命是"为客户创造价值，实现客户梦想"。华为做出进军 ICT、布局操作系统的决策，也是基于服务客户需求的趋势。华为做服务器操作系统，从小型机的需求开始，始终通过满足客户的需求，一步步推进自己的产品战略。

第四，"从一个运行良好的简单系统开始"。欧拉操作系统很好地契合了加尔定律揭示的规律，那就是做操作系统不能期望"一口吃成胖子"，不能指望短时间内就能攻城略地。虽然欧拉操作系统基于 Linux 的内核，华为也很早就参与开源社区，但是在产品的推进上，华为步步为营，从最早以与自己的鲲鹏芯片组合为起点，从功能相当简单的存储业务入局，然后在运营商合作云计算中经历磨炼，实现规模化的应用，再来谋

363

求更大的发展格局。

第五，物色并网罗国内外一流人才。在基础软件的竞争中，优秀人才是决定性因素。而优秀人才的网罗力度就意味着成本投入的力度和真正的战略决心。华为从组建欧拉团队开始，就在国内外物色顶尖人才。一批批优秀的技术专家纷纷加入欧拉团队。业界广泛流传的说法是，从华为外部来的"空降兵"很难在华为生存。这个说法对于华为的管理岗位是成立的。但是，华为对于外部过来的高端技术专家却是特别对待、爱护有加的。欧拉团队的人才，很多都是业界，尤其是技术圈的牛人和名人。他们作为专家，一来到华为就得到了相当高的待遇，超过很多在公司打拼20多年的华为人。

第六，全球视野，全球研发布局。欧拉操作系统的人才布局，从芬兰到美国，从加拿大到英国，华为将研发布局延伸到人员最便利、最有优势的地方。同时，欧拉操作系统从一开始就不是简单地计划立足于国内，而是准备经受全球客户的检验。欧拉操作系统应用于 DX 电信公司等关键客户，既是出于自信，也是其敢于接受真正的磨炼的证明。虽然目前的欧拉操作系统重点在国内市场发力，毕竟这是华为的根据地，是欧拉操作系统的优势市场，但是未来它将很快发力国外市场。这种全球视野已经成为华为的一种习惯，一种自觉。大多数中国企业跟华为的这种境界相比还有相当的距离。

第十八章

『欧拉模式』启示录二：引领数字时代创新的范式转变

被忽视已久的开源生态迫切需要改变

开源的本质在于开放、共享、协同，其概念的发展还影响了社会和政治观点。现在，开源已成为日常产品和尖端新兴技术的关键模块。作为基本原则的开放协作（Open Collaboration），是创新和生产的强大引擎。它构建了一个巨大的创新者生态系统，创新者们不再竞争稀缺资源，而是与他人共享知识，为他人创造新的资源和机会，让他人从这些资源中受益。

数字基础设施是新型基础设施的核心内容，涵盖了以5G、物联网、大数据、人工智能、卫星互联网等为代表的新一代信息技术演化生成的信息基础设施，以及应用新一代信息技术对传统基础设施进行数字化、智能化改造形成的融合基础设施，将为经济社会数字化转型和供给侧结构性改革提供关键支撑和创新动能。它是数字、文化和社会基础设施的基础，是任何国家竞争力的主要驱动力，甚至是生命线。技术、部署和运营被认为是企业向数字基础设施过渡和开发数字基础设施生态系统的基础。

20世纪，最伟大的企业不是生产产品的企业，而是拥有标准和专利话语权的企业；21 世纪，最伟大的企业是生态型企业。对于任何一家大型科技公司来说，建立一个有黏性的生态系统和平台是主导市场的必要条件。要成为一个有黏性的平台，必须建立生态系统。在战略角度，通过开源抢占市场，并由此掌握产业生态主导权，获取更大的商业利益，成为大型科技公司的业务逻辑。比如 2005 年谷歌收购安卓，抢占了移动互联网先机，并掌控了安卓手机产业生态；2010 年甲骨文公司收购开源数据库 MySQL，延展了其在数据库领域的实力和地位；2018 年微软收购 GitHub、IBM 收购红帽等。

在中美科技竞争、脱钩的背景下，美国正积极调整数字基础设施技术路线，弱化中国的技术和产业链优势。当前美国政府已经将开源意识形态化至国家安全领域。2022 年 1 月 13 日举行的开源软件安全峰会由美国白宫国家安全委员会牵头；5 月 12 日，开源软件安全峰会第二次会议在美国华盛顿特区举行，Linux 基金会和开源安全基金会提出了一项为期两年的近 1.5 亿美元的投资计划，以加强美国的开源安全。与会者还包括来自联邦机构的高管，包括国家安全委员会、网络安全和基础设施安全局、国家标准与技术研究所、美国能源部以及管理和预算办公室。Linux 基金会执行董事吉姆·泽姆林 (Jim Zemlin) 提出，开源是美国国家安全的一个关键组成部分，它是当今软件创新投资数十亿美元的基础。

如今，开源生态正在成为支撑人们所依赖的公共和私人生产的计算资源的关键数字基础设施，但是这种基础设施仍然往往被忽视且资源不足。我国基础软件行业高度分散，缺乏统一的标准和平台，迫切需要标准化、模块化和平台化。开源的优势在于集聚产业力量，降低基础软件开发成本，不断完善根技术。据 Linux 基金会统计，全球软件产业代码 70% 以上来自开源软件。尽管我国开源项目和贡献者数量仅次于美国，已是全球第二，但是从开源大国向开源强国转变，需要构建和增强开源基础能力，而开源社区是重要的平台。

"根基"就是"命门"

早在 2016 年 4 月 19 日，习近平总书记就在网络安全和信息化工作座谈会上强调："互联网核心技术是我们最大的'命门'，核心技术受制于人是我们最大的隐患。一个互联网企业即便规模再大、市值再高，如果核心元器件严重依赖外国，供应链的'命门'掌握在别人手里，那就好比在别人的墙基上砌房子，再大、再漂亮也可能经不起风雨，甚至会不堪一击。我们要掌握我国互联网发展主动权，保障互联网安全、国家安全，就必须突破核心技术这个难题，争取在某些领域、某些方面实现'弯道超车'。"

"根基"就是"命门"。正如科技部研究员、中国科技发展战略研究院原副院长房汉廷所说的，"无根之繁荣终究不过是一种幻象，只有拥有了足够多的'根技术'和'根产业'，才能昂首挺胸，驾驭产业链，收割价值链，才能够托起中华民族伟大复兴的伟业。一个国家如果不能拥有足够多的根技术和根产业，那这个国家的科技创新和经济发展甚至社会进步，就必然会被'卡脖子''卡脑子''卡四肢'"。美国在技术与产业上的霸主地位主要来源于其掌握着"众根"，如安卓手机行业里的安卓系统，个人电脑中微软的 Windows 操作系统，全球计算机芯片行业中的 ARM 架构，软件服务中的 Linux 开源体系，各类硬件系统中的 Raspberry Pi（树莓派），个人网站中的 WordPress^①，互联网中的"根"服务器，加密货币中的以太坊 ERC20 协议等。房汉廷认为，按照根技术与根产业的标准，物联网、5G 网络、AI、聚变能、3D 打印、基因编辑、飞秒激光、量子计算、生物工程 9 个方面，是当下以及未来相当长时间的根产业。

《中国软件根技术发展白皮书》以森林、大树、根基等，对"根技术"进行了形象的比喻，对其重要性作出解释："能够衍生出并支撑着一个或多个技术簇的技术"被称为"根技术"；"根技术是技术树之根，持续为整个技术树提供着滋养，在很大程度上决定着技术树的荣枯"。从软件产业链的角度，将整个软件产业体系比喻成一棵大树，处于产业链最基础部分的技术被称为根技术，它支撑起整个产业体系的发展与壮大，由此形成的产业被称为根技术产业。在根技术的基础上，依赖于根技术开发出各类专业的应用技术。华为将目光聚集在基础软件根技术上，意图以开源软件为支点，构建开源"黑土地"和根社区，打造稳固的数字世界底座的基础，共同推动中国成为全球开源软件价值体系中的关键力量。

---

① WordPress：是一个以 PHP 和 MySQL 为平台的自由开源的博客软件和内容管理系统。

智能汽车和欧拉操作系统：华为如何抵御战略诱惑？

面对数字技术浪潮的汹涌而来，旧有的产业面临冲击，甚至摧枯拉朽。而新的机遇纷纷涌现，"钱眼"大开。无论是阿里巴巴、腾讯、蔚来还是大疆，一批批崛起的新领军企业无不是抓住重大战略机遇，顺势而起，成为数字时代的引领者。而根植于技术创新的华为，反而在这个浪潮下选择保守，面对众多的新机遇诱惑，始终坚守本心。

那么，华为是如何抵御如此多的新机遇诱惑，又是如何果断部署新的战略举措的呢？我们还无法给出全面的答案。但是华为与智能汽车的故事为我们提供了一个难得的观察视角。

面对各种重大战略选择，华为有着自己严谨的决策流程。以当下风头最盛的智能汽车为例。2018 年在华为的三亚会议上，公司最高层做了决策——华为不造车，而定位为要帮助车企"造好"车，造"好车"。华为希望能够成为汽车领域的要素品牌，让华为来定义汽车。

由于美国政府的制裁，华为智能手机业务遭遇重创。而恰逢造车新势力市值高涨，新能源汽车市场也反响热烈，供不应求。因为新能源和数字技术的发展，汽车行业变革抵达历史性的拐点。作为百年工业的汽车行业，是一个巨大的蛋糕，诱惑力毫无疑问。一时间，华为内部很多人摩拳擦掌，希望直接杀进汽车领域，华为自己造车。但是，华为高层却始终保持冷静。华为轮值董事长徐直军曾在 2021 年华为技术大会上表示："我们老余（余承东）就不服气，但他只有一票。老余作为消费者业务的负责人，从 CBG（消费者业务集团）出发，他就想造车。"任正非更是签下了影响华为汽车业务走向的第二份文件，文件中称"以后谁再建言造车，干扰公司，可调离岗位，另寻岗位"。

2022 年 8 月，任正非曾说："智能汽车解决方案不能铺开一个完整战线，要减少科研预算，加强商业闭环，研发要走模块化的道路，聚焦在几个关键部件做出竞争力，剩余部分可以与别人连接。"

华为拒绝了智能汽车的诱惑，转头扎进了 ICT 基础技术的研究中。超越数字技术领域的喧哗和浮躁，今天再重新深入审视华为在 ICT 基础技术的投入和部署，我们才能慢慢品味出华为这一战略的不同凡响。华为已经超越了我们熟悉的追赶风口的境界，而能将战略眼光放置在华为长远发展所短缺的基础性技术之上。而这些技术不仅仅是华为短缺的，也正是整个中国 IT 业过去 40 年的致命短板。没有非凡的志存高远的眼光，没有超越时局的战略视野，没有超越急功近利的战略定力，就很难理解华为一次次的战略选择。

欧拉操作系统的未来图景：顺应时代精神

华为做操作系统一开始就不是为了开源。但"欧拉"开源，是对操作系统的一次新定位：原本"欧拉"主要是面向服务器，开源后定位变成"既面向服务器，又面向嵌入式"。

今天，欧拉操作系统的开源之路事实上才刚启程，其影响主要在服务器软硬件行业之内，还没有扩散到中国主流社会，更没有被大众认知。1962 年，埃弗雷特·罗杰斯（Everett M. Rogers）出版了《创新的扩散》一书，系统地提出创新生命周期（新技术、新观念、新事物）理论。技术采用生命周期为"钟形曲线"（Bell Curve），该曲线将消费者采用新技术的过程分成五个阶段，分别对应于第一阶段的创新者、第二阶段的早期采用者、第三阶段的早期大众、第四阶段相对保守的晚期大众与第五阶段怀疑主义倾向的落后者，各自占目标消费者总量的比例为 2.5%、13.5%、34%、34% 与 16%。根据杰弗里·摩尔（Jeffery Moore）的鸿沟理论（The Chasm Theory），高科技企业前两个阶段的早期市场和第三阶段的主流大众市场之间存在着一条巨大的"鸿沟"，能否顺利"跨越鸿沟"并进入主流市场，成功赢得实用主义者的支持，决定了一项高科技产品的成败。也就是说，新产品能够顺利突破16%的目标市场占有率，将是一个标志性拐点。目前，"欧拉"在中国市场的生态拐点已经顺利跨越，引领市场的潜能正蓄势待发。而前方的目标，就是如何顺利跨越全球市场的生态拐点，进入全球服务器操作系统的第一阵营。

高科技领域是一个有着太多神话和太多光环的领域。但是，透过现象看本质，高科技领域遵循的依然是简单的商业逻辑，正如林纳斯·托瓦兹所说："当你谈及技术的未来时，真正有意义的是人们想要什么。一旦能够描绘出这一点，剩下的事情就是如何大规模地生产它，并使它足够便宜，以便人们能够在不牺牲另外也想要的东西的同时获得它。除此而外，没有任何事情真正有意义。"但是，简单的背后却是一个复杂的技术–经济–社会复合体。

互联网驱动的数字化进程已经成为世界各国发展的重要驱动力，也成为区域发展的先行驱动力。截至2023年初，全球人口80亿，全球网民突破54亿，普及率达到70%。亚洲网民数量超过29亿，其中中国网民数量近11亿。而欧洲（7.5亿）和北美（3.5亿）的网民数量总和为11亿，和中国网民数量大致相当。非洲网民数量超过6.5亿，拉美和加勒比地区网民数量5.5亿，拉非地区网民数量相加也超过了欧美地区。欧美的网民普及率已经超过90%。因此，在全球未上网的25亿人口中，95%处于亚非拉地区。这凸显了全球数字鸿沟的严峻性，同时也预示着未来的新网民增长点。

数字时代，社会的全局联结性是社会运行、发展和变革的基础性条件。尽管存在一定的争议，但是中国继续以适度超前性加大信息基础设施建设，引领全球，这是赢得全球发展优势的重要举措。中国企业进一步确立了数字时代全球引领者的定位，继续推动联结每一个人，继续推动联结世界每一个国家。中国在数字基础设施的建设中一马当先。

随着 TikTok 在包括欧美在内的全球范围异军突起，加上 SHEIN 等电商服务也强势崛起，中国力量不仅仅在传统硬件领域继续高歌猛进，还开始在社交媒体、电子商务、数字娱乐等领域崭露头角。

在 70% 的人口通过互联网全面联结的今天，人类命运共同体的理念不再只是理想，而是开始成为现实。抛开贸易和商业的视角，中国互联网力量的全球崛起，意义更加深远。世界银行发布的报告指出，截至 2018 年，全世界有 8% 的人口未接入 3G 无线宽带（普及率有所提升），北美接入率达 89%，撒哈拉以南只有 22%；未接入 4G 无线宽带的人口则高达 20%。面对全球范围内的数字鸿沟困境，中国正成为带领每一个人进入数字时代的关键力量，是推动全球数字鸿沟问题解决的最重要的力量。

在这一背景下，如何从我们习惯的"14 亿人思维"升级到面向全球的"80 亿人思维"，成为中国高科技企业的新挑战，也成为中国的新使命。"欧拉"开始在中国站稳脚跟，并且开启了全球化进程，就是顺应了人类这一宏大目标的新进程，代表着新的时代精神。

立根铸魂：推动基于中国核心技术的生态全球化

2022 年 12 月 30 日，华为轮值董事长徐直军在给员工的新年致辞中提到，"2022 年，是华为从应对美国不断制裁的战时状态，逐步转为制裁常态化正常运营的一年，也是逐步转危为安的一年……2023 年，是华为在制裁常态化下正常运营的第一年"。

美国政府的打压当然不会适可而止。正常运营的华为，也不会只简单地追求"活下去"。在 2019 年的"5·16"事件过去 4 年之后，一些深层次的变化已经开始展现。2023 年 5 月 22 日，华为心声社区发表文章，详细讲述了 ERP 连续性变革项目，文章题目为《从决定性胜利走向全面胜利——MetaERP 5 月全球覆盖纪实》。文中用上"全面胜利"这样的措辞，起码代表着此时华为的一种状态，一种信心。

比市场份额更重要的是，国内各大主流操作系统厂商在经历了犹豫期和磨合期后，开始走向联手共建的新征程，彼此更加默契。这是中国 IT 业第一次在核心基础软件层面，实现全行业凝聚力量的良性竞争与合作。

而过去 30 年，无论是操作系统、芯片、数据库还是办公软件，几乎在所有的重要基础软件层面，国内企业始终处于各自为政的碎片化状态。作为全球第一大互联网市场的中国，诞生出腾讯、阿里巴巴和字节跳动等一系列应用软件巨头，但是核心基础软件层面一盘散沙的格局，积重难返。而欧拉操作系统让中国 IT 业破天荒地实现了第一次全方位"汇聚"。这个意义，超越任何技术和产品层面，很可能给产业带来巨大的改变，给世界第二种选择。

当然，成为中国市场的主流操作系统，绝不是欧拉操作系统的最终目标。在中国市场绝对引领，在全球市场能够进入第一阵营，才是其战略的一个基准线。而要实现这一目标，接下来两年的窗口期是决定性的。这两年欧拉操作系统要是无法一鼓作气，不要说市场不会再给更多的机会，即便在华为内部，在面临严峻的生存压力的形势下，公司能否继续提供大力度的战略性资源，都是一个问号。

对中国人来说，全球化早已经不是新问题，比如 TikTok 的全球崛起，华为 5G 的全球引领，甚至包括义乌小商品的全球畅销。但是在数字时代，中国高科技"根技术"的全球化，却还是开天辟地头一遭。"欧拉"已经走在了最前面。欧拉开源社区从成立开始，就是立足中国、融入全球，是一个国际性社区，其理念就是"共建、共享、共治"。开放原子开源基金会理事长孙文龙表示，要驱动地方发展布局和海外拓展战略同步推进，除了面向一线城市和重点产业集聚区布局开源生态推广中心、开源研究院等机构，引导开源项目和区域产业优势融合，还要探索在欧洲、东南亚等区域分布建立海外机构，吸引海外项目和资金捐赠，吸引海外开发者。

而我们之所以可以对欧拉操作系统的未来图景做出乐观的前瞻，不仅因为我们基于"欧拉"10多年发展历史的深入挖掘，更因为"欧拉模式"和欧拉操作系统之路契合中国使命，顺应时代精神。"天时、地利与人和"，"欧拉"赶上了数字时代开放创新的大潮，顺应了智能时代万物互联的人类生产力发展的需求和趋势。

服务器操作系统，堪称操作系统的鼻祖，但是老树新枝，服务器操作系统正在迎来创新突破的新机会。梅宏院士认为，操作系统变迁有20年周期律，泛在计算是一片新蓝海。openEuler作为面向数字基础设施的开源操作系统，轻装上阵，没有历史包袱，可以快速顺应变革趋势，不仅支持服务器、云、边缘、嵌入式场景，实现上述场景的互操作，而且还支持X86、ARM、RISC-V、LoongArch、SW64、POWER六大处理器架构。"欧拉"支持多样性计算、数字全场景的特点是面向泛在计算场景融合互操作的基本理念，就是将泛在操作系统推向全新的维度。

同时，欧拉开源社区的突破，为我们开启了全新的可能。中国科学院院士王怀民认为："中国的开源创新的资源还是碎片化的，不成体系，尤其是我们才跻身在国际开源生态链的边缘，还没有进入国际开源生态的核心位置，因此缺乏主导全球开源创新发展的核心竞争力，需要构造新一代开源创新平台来孕育在这样一个不确定性时代的新开源项目，构建有世界影响力的开源标准体系。""欧拉"让这种期待逐渐变成现实的前景。

首先，中国IT业第一次有了自己生态的"根"。欧拉开源社区属于中国科技工作者对标外国企业主导的 CentOS 开源社区，自主构建的开源社区，已能与 CentOS 同台竞争，不受制于人。

其次，欧拉开源社区成功地将中国服务器产业凝聚起来，形成一个底座、一个主线的生态体系。

再者，也是更重要的——通过开源社区，汇聚众人的智慧、众人的力量和众人的创新的产业模式，第一次在中国有了成为主流的可能。

华为常务董事、ICT 基础设施业务管理委员会主任汪涛对"欧拉"的未来给出了更长远的描绘：华为将持续聚焦根技术投入，全面布局包括操作系统、数据库、AI 框架、编辑语言和编辑器等在内的基础软件。同时持续软件开源开放，与全产业共建中国开源体系，包括开源 openEuler、openGauss 数据库、昇思 AI 框架等。通过持续投入这些基础软件根社区的建设，推动中国从开源大国走向开源强国。

地缘政治风急浪高，中国复兴道阻且长。面对当下复杂的国际形势和环境，面对华为业务发展的压力，关键还在于数字时代全球新的公共物品供给，面临严重的短缺。其实，"欧拉模式"的核心，就是为数字时代产业和社会提供公共物品的初心！立足于这一点，守住自己的初心，我们就不会走错。

今天，"欧拉"已经走向世界，全世界都可以下载，都可以发布。虽然"欧拉"的全球化还没有全面展开，但是已经箭在弦上。显然，中国互联网的全球化进程才刚刚开启。为数字时代的全球化贡献更大的力量成为中国复兴的重要使命。作为后来者和后发国家，中国是搭着工业时代相对完善的公共物品"便车"而后来居上的。那么，在数字时代，中国应该成为全球新公共物品的重要提供者。这种努力需要立足于"14亿人"这一伟大的、独特的根据地，也需要超越"14亿人思维"，走向更加开阔的"80亿人思维"。这是中国将面临的视野突破和观念拓展问题。

2023年1月1日，另一位轮值董事长胡厚崑发了一条微博，题为"2023，新起点，再出发"。他写道："三年了，我们已经习惯了凭着惯性，沿着一条不知道通往何方的道路前行。当方向盘突然回到手中，短暂的茫然之后一定有大胆前行的欣喜。""方向盘回到手中""大胆前行的欣喜"，这样的措辞无疑意味深长。

惊喜的是，2023年8月29日，华为Mate 60 Pro手机的亮相震惊全球。这是自2019年美国对华发动科技战以来，华为重大技术突破第一次吸引全球目光。奇迹究竟是如何发生的？华为究竟是如何在极端困难的情况下全力解决"卡脖子"问题的？无疑成为当下全球最为关注的话题。作为根技术系列的第一本，本书为揭开华为的谜底提供了一个窗口，从"欧拉"项目的角度为大家解答这一问题，并帮助大家更好地了解真实的华为。

我们期待"欧拉"将华为带到一个从未抵达过的境界。作为数字基础设施的底座，我们也期待"欧拉"将中国带到世界新的深度和广度，深入数字时代的每一个角落。"欧拉"的崛起，对于华为，对于中国，除了市场的成功，更重要的是为我们逐步打开了"80亿人思维"的全新视野。"欧拉"的未来值得持续关注，"欧拉"的故事值得大家继续观察！

后 记

伟大可以被打出来

伟大不能被规划出来，但是伟大可以被打出来。

2023 年 8 月 29 日，于无声处听惊雷，华为 Mate 60 Pro 手机预售引爆全球。这一天的意义，需要很长时间才能慢慢释放出来。显然，这一天是华为发展历史上极具标志性意义的一天，也是中国高科技解决"卡脖子"问题的第一个里程碑，更是科技战背景下全球高科技颠覆性变局的开端。

科技，以造福人类的使命为唯一皈依！科技战，无疑是科技发展史上最严重的一次背离。要让科技发展回归正途，当下就必须从将科技作为武器的政治歧途中折返，结束政治绑架全球产业链断供来遏制中国发展的模式。

2019—2023 年，正是华为遭遇美国层层加码的极端打压的 5 年，也是华为升华的 5 年。这 5 年中，华为看起来险象环生、生死未卜，华为的发展态势看起来如一潭死水，压抑到几乎窒息。然而，当我们未来回顾全球高科技、中国高科技和华为自身的发展历程时，这 5 年都将是最值得回望和重估的关键阶段，也是缔造伟大的 5 年。

"欧拉"、"鸿蒙"、麒麟、鲲鹏、昇腾等，这 5 年的意义具体呈现在一款款华为根技术的产品之中。感谢华为的信任和支持，让我在这几年得以展开系统的研究和访谈——围绕每一款产品的萌发、诞生、发展和突破，深度访谈了 50 位左右的关键人物，全景式纪实地呈现他们非凡的经历。《欧拉崛起：从华为走向世界》是根技术系列的第一本书，其他书也将陆续推出。

当年黑格尔称拿破仑为"马背上的世界精神"，如今华为就是全球高科技"马背上的世界精神"。作为一种时代精神，华为精神就是中国高科技的灵魂，是中国高科技崛起的力量源泉！其基本的指向已经逐渐显露，那就是我们过去几十年习以为常的思维模式和发展模式正走向终结，全新的范式开始展露"尖尖角"，挑战政治霸权，挑战技术垄断，更挑战我们的思维。以阿斯麦和台积电两者垄断为基础的先进制程主导整个半导体产业的瓦解，以及以政治霸权而不是技术创新所谓的"小院高墙"模式的彻底破产，预示着中国科技长期追随模式的结束。这一系列效应都将冲击和颠覆我们每一个人的固有思维模式。

5年很短暂，却是巨变的开端。我们需要更多的5年去揭晓最终答案。

深度访谈数百人的4年努力，让我们获得了丰富、生动的第一手材料，但是基于各种因素，目前我们还只能选择性发表其中的一部分。后续，我们将长期、持续地跟踪和研究下去。

赢得科技战不是我们的追求，甚至竞争的一时之胜也不是我们最终的目标。我们想要的，是让世界科技发展回归本质，回归科技根本的使命。这是我们在写作华为根技术系列图书的过程中形成的基本价值取向。这也是华为在非常时期的5年里努力追求的——华为很多根技术的突破，最终将从华为走向世界，其中很多将成为中国高科技和全球高科技取得更好的发展与突破的公共物品。

2023年8月29日华为手机强势回归，标志着美国在科技战最厉害的环节"破功"了，预示着美国科技战的整个逻辑被撼动了，更预示着美国科技战的模式与体系终将被颠覆。当然，华为带给我们的惊喜，才刚刚开始！

致 谢

关于"欧拉"的访谈音频长达 100 多个小时,整理后的 A4 纸文字资料达 600 多页,"欧拉"10 多年的奋斗史似一幅"潜在深处,攀在高处,心在一处"的全景作战图:拥抱全球的渴望,独立自主的底线,优秀人才加入优秀团队后不断做出的调整与改变,对渺茫希望孤注一掷的决心与勇气……每一个细节深处,都真实再现了中国企业走向全球时的挫折、困惑和担忧。50 位左右受访人给出的这份壮阔与真情,深深感动了编辑团队中的每一位成员。当然,限于篇幅等原因,本书仅仅呈现了他们每一个精彩故事中的一小部分。

有幸成为本书的第一批读者,编辑团队喜爱每一个工程师的故事,有的故事在似有似无地影响着"欧拉"走向全球的未来,有的故事则毫无征兆地在某一个节点爆发,成为转折。大家也都喜欢"欧拉"不同于日常商战的思维模式,以及工程师文化里那份沉稳与担当的独特魅力。但丰富的素材也容易留下不少遗憾:有些工程师的痛苦经历并不适合向所有人展示,有些挫折可能关系到奋斗的士气,有些前瞻性的战略公布可能会引发外界的猜想与误解。正因为这本书还未提笔就已经被众人寄予厚望,所以当一段段内容被法务、市场、专家删除时,编辑们都感到心痛却又无可辩驳。他们虽然是看到"欧拉"故事最完整的一拨人,但也明白,在经历不断的磨合和修正后,最终呈现给读者的"欧拉",才是真正肩负使命且不辱使命的"欧拉"。

2022年9月，"欧拉"亮相欧洲开源峰会，吸引了众多用户和伙伴的关注。施耐德、西门子、爱立信、博世、巴塞罗那电信、瑞士铁路的开发者和用户都对欧拉开源操作系统表示出了浓厚的兴趣。这是"欧拉"最近一次亮相全球，依旧散发着"战无不胜"的魅力。但我希望本书的出版，能够让更多的人看到：华为对"欧拉"的付出，以及"欧拉"对社会的付出，都如同舞者那双在芭蕾舞鞋包裹下的伤痕累累到几近畸形的脚。

挫折、艰辛和磨砺，才是一个伟大企业的常态。

2023年4月21日的华为开发者大会也是空前热闹，大家一扫被制裁的阴霾，每个渴望交流与合作的身影都是"欧拉"的希望，也都是中国科技向全球贡献的赤诚。

感谢访谈小组的高忆宁、李宇泽和杜运洪，他们访谈了数十位华为高级技术专家和领导，大量的前期准备工作，使得每一位被访者的故事得以充分挖掘，访谈的过程也非常愉快。也非常感谢编辑团队的骨干成员，徐玮、钟祥铭、朱晓旋、于金琳、任喜霞、李安、王梦瑶和张琳芳，他们为本书的技术脉络和素材安排做了细致的梳理和探讨，李安和人民日报出版社编辑团队一遍遍查验出版细则与校对，为本书最终规范化的出版严格把关；王梦瑶和张琳芳则无数遍地汇总专家批注，无数次改红。

　　同时感谢全力配合访谈小组的素材小组，汪晓璇、吴雪琴和于金琳，他们在短期内承担了大量的素材梳理、校对与确认等烦琐又繁重的工作，并自始至终以敬业精神与多方协作沟通，确保素材的准确性、连贯性和有效性。

　　特别感谢人民日报出版社社长刘华新、总编辑丁丁、副社长赵军等领导，不遗余力地派出技术团队支持，确保特殊时期的出版工作不断人、不离岗，并为图书的发行提前做了细致的部署。鹿柴（天津）文化传媒有限公司王晓彩始终站在图书营销的角度，为工程师文化的传播，不断提供技术化处理方案。

　　尤为感谢华为团队的全程支持。我在写作过程中的所有沟通，都有江大勇、张尹弘、梁冰、李琳以及数十位华为专家为最终的访谈内容做及时的确认，他们公正无私地处理一个又一个极具争议的内容。

　　最后，感谢每一位认真了解"欧拉"的读者。欧拉精神不仅是华为人对技术长远又坚定的追求，更是中国人希望带着尊严与善意，真诚地拥抱世界，永不改变的初衷。这份诚意，愿每一位读者都能感受、共情与传播。

385